測 量 学

第2版

大木正喜 著
Masaki OKI

森北出版株式会社

● 本書のサポート情報を当社Webサイトに掲載する場合があります．下記のURLにアクセスし，サポートの案内をご覧ください．

https://www.morikita.co.jp/support/

● 本書の内容に関するご質問は，森北出版 出版部「(書名を明記)」係宛に書面にて，もしくは下記のe-mailアドレスまでお願いします．なお，電話でのご質問には応じかねますので，あらかじめご了承ください．

editor@morikita.co.jp

● 本書により得られた情報の使用から生じるいかなる損害についても，当社および本書の著者は責任を負わないものとします．

■ 本書に記載している製品名，商標および登録商標は，各権利者に帰属します．

■ 本書を無断で複写複製（電子化を含む）することは，著作権法上での例外を除き，禁じられています．複写される場合は，そのつど事前に(一社)出版者著作権管理機構（電話03-5244-5088, FAX03-5244-5089, e-mail:info@jcopy.or.jp）の許諾を得てください．また本書を代行業者等の第三者に依頼してスキャンやデジタル化することは，たとえ個人や家庭内での利用であっても一切認められておりません．

第 2 版のまえがき

　測量学は,「建設工学シリーズ」の一冊として 1998 年に初版が発刊されてから 16 年が経過した．本書は，大学生，高専生，短大生，建設技術者を対象に，専門的基礎知識を一連の流れの中で確実に修得することを目的にした教科書として，また参考書として広く用いられることを目指して，発刊されたものである．このことが理解を得て，初版本も 13 刷を重ねた．この間においても，測量技術，測量機器の進歩，発展は著しく，目を見張るものがある．測量技術の急速な発展により，いわゆる測量が従来の測量技術と近代化された測量技術の狭間にあって，学校教育の中でどのように位置づけるかが大きな問題となっている．本書は，これに対処することを考慮しつつ，従来の測量技術を整理し，新しい技術をできるだけ平易に紹介することを目標に改訂した．
　このような主旨に基づいて
① 最近の学生が慣れ親しんでいる 2 色刷りとし，学生が感覚的に説明のポイントを理解できるようにした．
② 例題 29 題，演習問題 86 題と大幅採用し，基礎から応用まで順序立てて理解・整理できるようにした．
③ 図・表・写真をできるだけ多く用い，理解できるようにした．
④ 専門用語は，英語での表現も併記した．
という点に留意して改訂を行った．測量学を修得しようとする学生諸君，建設技術者諸氏のお役にたてば幸いである．なお，解説に不十分・不適当な点があれば，旧版同様，読者諸氏のご教示を頂いて逐次改めていきたいと考える．
　最後に，編集で大変お世話になった森北出版・出版部の石田昇司氏，二宮惇氏をはじめ，関係者の方々にも厚くお礼申し上げます．

2014 年 11 月

著　者

まえがき

　測量学は建設工学（土木工学）の基礎となる学問であり，大学生，高専生が専門科目として最初に触れる学問ではないかと思う．

　本書の目標は，測量学の基礎をできるだけ平易に，かつ測量実習も含め実用上の面からも十分利用できるようにすることである．そのため，本書は，次のような方針により構成，記述した．

(1) 基礎事項をできるだけ平易な言葉で丁寧に解説し，独学できるようにした．また数値計算を伴う事項は実際の数値を使用し，その計算過程を明確にし解説した．
(2) 広範囲な分野になるよう事項を選択した．また，新分野も積極的に取り入れた．
(3) 応用分野にも順序だてて移行できるようにした．
(4) 新カリキュラムにおける授業時間数に対応させた．
(5) 測量実習にも役立つよう，できうる限り実習手順を示した．
(6) 再度勉強する建設技術者にも役立つよう配慮した．

　読者が本書により測量学に興味をもち，建設技術者として立派な成果をあげるための手助けとなれば幸いである．

　しかし，ページ数の制約もあり必ずしも十分な説明といえないところもある．また，筆者の理解不足のため説明の表現が十分でない点や，思いあやまった説明をしているかもしれない．読者のご叱正をいただければ幸いである．

　本書の執筆に当たって，参考とした文献は巻末に示してあるが，これら各筆者の方々には深く感謝の意を表すものである．

　最後に，原稿整理など長い間手数をわずらわした木更津高専の白井淳治氏，編集に当たって尽力された森北出版の石田昇司氏をはじめ関係者の皆様にもあわせて謝意を表します．

1997 年 12 月

著　者

目　次

第 1 章　測量の基本事項　1
- 1.1　測量とは　1
- 1.2　測量の分類　1
- 1.3　地球の形状　4

第 2 章　測定値の取扱い方　7
- 2.1　誤差の分類　7
- 2.2　正規分布　8
- 2.3　最小二乗法の原理　11
- 2.4　重　み　12
- 2.5　最確値　13
- 2.6　最確値の標準偏差　14
- 2.7　誤差伝播の法則　14
- 2.8　間接観測における最小二乗法　17
- 演習問題　19

第 3 章　距離測量　21
- 3.1　距離とは　21
- 3.2　距離測量の分類　21
- 3.3　距離測量に必要な器具　22
- 3.4　巻尺の特性値　24
- 3.5　距離の測り方　25
- 3.6　精密な直接距離測量　27
- 3.7　距離測量における精度の表し方　28
- 3.8　測定値の補正　28
- 演習問題　30

第 4 章　水準測量　31
- 4.1　水準測量とは　31
- 4.2　水準測量に関する用語　31
- 4.3　水準測量の分類　31

4.4　水準測量に必要な器械・器具　　36
　4.5　直接水準測量の原理　　40
　4.6　野帳の記入方法　　42
　4.7　直接水準測量の作業方法　　44
　4.8　直接水準測量の誤差　　45
　4.9　直接水準測量の誤差調整　　48
　4.10　交互水準測量　　52
　演習問題　　54

第5章　角測量　　56
　5.1　角測量とは　　56
　5.2　角　　56
　5.3　角測量に必要な器械・器具　　59
　5.4　角測量の誤差とその消去法　　70
　5.5　測角器械の据付け　　73
　5.6　角測定の方法　　74
　5.7　角測量の応用　　81
　演習問題　　83

第6章　トラバース測量　　85
　6.1　トラバース測量とは　　85
　6.2　トラバースの種類　　85
　6.3　トラバース測量の手順　　87
　6.4　トラバース測量の計算　　88
　演習問題　　103

第7章　三角測量　　107
　7.1　三角測量とは　　107
　7.2　三角測量の原理　　107
　7.3　三角点の等級　　108
　7.4　三角点の配列　　108
　7.5　選　点　　109
　7.6　造　標　　110
　7.7　偏心補正　　110
　7.8　測定角の調整条件　　113

7.9	条件式の数	114
7.10	四辺形の調整	115
7.11	三辺測量	119
	演習問題	121

第8章 平板測量 122

8.1	平板測量とは	122
8.2	平板測量の精度	122
8.3	平板測量に必要な器械・器具	123
8.4	平板の標定	127
8.5	平板測量の分類	129
8.6	平板測量の方法	129
8.7	平板測量の応用	138
	演習問題	140

第9章 スタジア測量 142

9.1	スタジア測量とは	142
9.2	スタジア測量の原理	142
9.3	スタジア測量の一般公式	143
	演習問題	145

第10章 面積測量，体積測量 146

10.1	面積とは	146
10.2	直線で囲まれた面積の計算	146
10.3	曲線で囲まれた面積の計算	150
10.4	複雑な曲線で囲まれた面積の計算	153
10.5	面積の分割	156
10.6	境界線の整正	158
10.7	体積の計算	161
	演習問題	165

第11章 路線測量 167

11.1	路線測量とは	167
11.2	路線の線形	167
11.3	路線測量の手順	167
11.4	曲線の分類	168

11.5　円曲線の各部の名称と基本式 …………………………… 169
　11.6　曲線設置法 ……………………………………………… 171
　11.7　障害物がある場合の曲線設置法 ………………………… 178
　11.8　緩和曲線 ………………………………………………… 180
　11.9　クロソイド曲線 ………………………………………… 181
　11.10　縦断測量，横断測量 …………………………………… 197
　演習問題 ……………………………………………………… 203

第12章　写真測量　205
　12.1　写真測量とは …………………………………………… 205
　12.2　写真測量の基礎 ………………………………………… 205
　12.3　リモートセンシング …………………………………… 213
　演習問題 ……………………………………………………… 216

第13章　GPS測量　217
　13.1　GPSとは ………………………………………………… 217
　13.2　GPSの構成 ……………………………………………… 217
　13.3　GPS衛星からの電波 …………………………………… 218
　13.4　GPSによる測位方法 …………………………………… 218
　演習問題 ……………………………………………………… 221

演習問題解答　222

参考図書　241

索　引　242

第1章 測量の基本事項

1.1 測量とは

　測量（surveying）とは，地球表面上にある各地点間の距離，角度，高低差などを測定し，対象物の位置あるいは形状を定める技術である．

　測量では，実際の測定結果に基づいて，距離，角度，方向，高低差，面積，体積などを計算したり，地形図や縦断面図，横断面図を作製したりする作業が行われる．

　したがって，屋外で実際の測定作業を行う外業（field work）と，その結果を測量の目的によって整理して図面などを作製する内業（office work）に分けることができる．

1.2 測量の分類

1.2.1 測量地域による分類

　地球はおおむね球形であるが，厳密には極を結ぶ短半径（semi-minor axis）のほうが，赤道方向の長半径（semi-major axis）よりも少し短い扁平な回転楕円体（spheroid）である．半径の長さは，これを測定した人により発表されているが，多少の差がある．そのおもな値は表 1.1 のようである．

表 1.1 回転楕円体の諸元　[日本測量協会編「測量学辞典」より]

[単位：km]

測定者（国名）	測定年	長半径 a	短半径 b	扁平度
Bessel（ドイツ）	1841	6377.397	6356.079	1/299.15
Clarke（イギリス）	1880	6378.249	6356.515	1/293.47
Hayford（アメリカ）	1909	6378.388	6356.912	1/297.00

　わが国では，平成 14 年 4 月 1 日施行された測量法の一部改正により，経緯度の測定は，それまでの日本測地系に代わって世界測地系に従って行わなければならないことになり，「地球を想定した扁平な回転楕円体の長半径及び扁平率」としての条文の規定より長半径 6378137.00 m，扁平率 1/298.257222101 と新たに規定された．ただし，扁平率は約 1/300 と小さい値であるため，地球は球体と考えても問題がない場合が多い．したがって，このときの地球の半径 R は，楕円体の直交 3 軸の平均をとり，6370 km と仮定して測量することもある．このように，地球の曲率を考えに入れて行う精密な測量のことを，測地学的測量（geodetic surveying）または大地測量という．これに対

し，地球の表面を平面と考えて小範囲に行う測量を，平面測量（plane surveying）あるいは局地測量または小地測量という．

いま，地球を球と考え，図 1.1 において 2 点 AB 間の球面距離を S，これに対応する平面距離 $A'B'$ を s とし，地球の半径を $R = 6370\,\mathrm{km}$ とする．ここで，AB 間の高低差は地球の半径に比べて小さいので無視できるものとし，A，B は水平面上にあると仮定すると，$s - S$ の S に対する比を距離の相対誤差 $1/P$ として求めることができる（表 1.2）．この結果より，たとえば相対誤差を $1/10000$ まで許容すれば，半径約 110 km，面積で 38013 km² までの範囲を平面とみなしてよいことになる．普通，われわれが実施する土木測量では，地球表面を平面とみなす平面測量の場合がほとんどである．したがって，相対誤差 $1/P$ 以内となる $S/2$ の範囲は，

$$\frac{S}{2} \leq \sqrt{\frac{3}{P}} R$$

となる．

[証明] 弧長に対する中心角を θ [rad] とすれば，次のようになる．

$$\frac{s}{2} = R \tan \theta$$

$$\frac{S}{2} = R\theta$$

$$\therefore \quad \theta = \frac{S}{2R}$$

$$\frac{s}{2} = R \tan \frac{S}{2R} \fallingdotseq R \left\{ \frac{S}{2R} + \frac{1}{3}\left(\frac{S}{2R}\right)^3 \right\}$$

$$s = S + \frac{S^3}{12R^2}$$

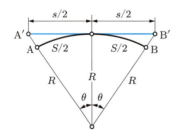

図 1.1 球面距離を平面距離とみなせる範囲

表 1.2 球面距離と平面距離との相対誤差

$\dfrac{1}{P}\left(\dfrac{s-S}{S}\right)$	球面距離半径 S [km]	平面とみなせる面積 [km²]
1/10000	110	38013
1/100000	35	3848
1/1000000	11	380

$$\therefore \frac{s-S}{S} = \frac{S^2}{12R^2}$$

これを相対誤差 $1/P$ 以内とおけば，それが成り立つための $S/2$ の範囲を求めることができる．

$$\frac{S^2}{12R^2} \leqq \frac{1}{P}$$
$$\therefore \quad \frac{S}{2} \leqq \sqrt{\frac{3}{P}} R$$

1.2.2　目的による分類
① 距離測量（distance surveying）
② 角測量（angle surveying）
③ 水準測量（leveling）

1.2.3　使用器械による分類
① 平板測量（plane table surveying）
② トランシット測量（transit surveying）
③ スタジア測量（stadia surveying）
④ コンパス測量（compass surveying）
⑤ 三角測量（triangulation）
⑥ トラバース測量（traversing）
⑦ 図根（点）測量（topographic control surveying）
⑧ 写真測量（photogrammetry）

1.2.4　測量法による分類
わが国の測量に関する基本的法律である測量法の中で，測量の実施の基準および実施に必要な機能を定め，測量の精度の向上などを確保する目的で，その適用を受ける測量を次の三つに分類している．

① **基本測量**（basic surveying）：すべての測量の基礎となる測量で，国土地理院が行うものをいう．具体的には一～四等三角測量，一～三等水準測量，天文測量，重力測量，地磁気測量，国土基本図測量，地形図測量，地域図，地勢図，土地利用などの主題図，空中写真画像図，衛星画像図作成などである．

② **公共測量**（public surveying）：基本測量以外の測量で，小道路もしくは建物のためなどの小規模な測量，または高い精度を必要としない測量であり，政令で定めるものを除き，測量に要する費用の全部または一部を国または地方公共団体が負担あ

るいは補助して実施する測量である．
③ **基本測量および公共測量以外の測量**：基本測量または公共測量の測量成果を使用して行う測量で，基本測量および公共測量以外の測量をいう．

1.3 地球の形状

1.3.1 測量の基準

　回転楕円体（1.2.1 項）と考えられている地表面において，諸点の位置を正確に関連づけるためには，それぞれ共通して用いることのできる基準が必要となってくる．そのためには，回転楕円体と考えられている地球の形をもとにした要素で表示できれば，きわめて便利である．しかし，地球の自然表面には起伏が多数あり，地表面を基準としたのでは不都合が生じてくる．

　そこで，これらの複雑な起伏を無視する手段として，地球の約 70％を専有する海水面を地球の表面と考えることにする．しかし，海水面には干満の差による昇降があり，その差異は場所によって異なるので，特定の場所での長期間の記録によりその平均をとり，これを平均海面（mean sea level）と呼び，基準の海水面とする．このとき，陸地に溝を縦横に掘って平均海面を引き入れたと想定するのである．このように想定された曲面をジオイド（geoid）と呼ぶ．これを地球の基準の形状とみなすことができ，ほぼ回転楕円体をなしている．この回転楕円体を地球の形を代表するものとし，これを地球楕円体と呼ぶ．地球楕円体を測量の基準にするためには，楕円体の中心を実際の地球上のどの位置に，またその楕円体の座標軸が実際の地球のどこを通るかということを決める必要がある．この位置と方向が決められた地球楕円体を準拠楕円体と呼ぶ．

1.3.2 経度，緯度，標高

　地上の諸点の位置を定めるためには，一つの原点を決定し，それに基づいた座標値を用いるのが便利である．したがって，地球全体を考えた座標系を考えてみる．地球は回転楕円体で表現されるので，地上の点の位置を経度（longitude）および緯度（latitude）で表現し，高さを準拠楕円体からの高さで表す座標系を適用する．この座標系のことを測地座標系と呼ぶ．

　図 1.2 は地球に適用されている測地座標系を示したものである．赤道（equator）は，地球の中心を通って，自転の中心となる軸に直交する平面が平均海面と交わってつくる大円（great circle），極（pole）は自転軸と平均海面の交点である．また，地球を北半球と南半球に 2 分する平面を赤道面といい，赤道面に平行な平面のつくる小円（small circle）を平行圏（parallel circle），極を通って平行圏に直行する大円を子午圏（meridian circle）という．

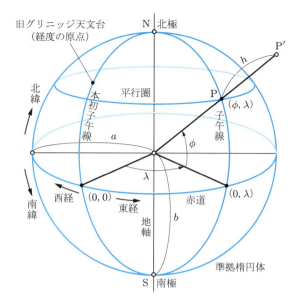

図 1.2 測地座標系

また，イギリスの旧グリニッジ天文台の中心を通る子午線（meridian）は本初子午線（prime meridian）と呼ばれており，これと赤道の交点が経度および緯度が 0 と定められている座標であり，地球全体の経緯度原点（standard datum of geographic coordinate）と呼ばれている．

緯度，経度の座標は一般に ϕ，λ で表すが，ドイツ語の頭文字をとって B，L を用いることもある．緯度は赤道面を基準として北側の北半球を北緯，南側の南半球を南緯と呼び，角 ϕ は 0～90°の範囲で表される．経度は本初子午線から東側を東経，西側を西経と呼び，角 λ は 0～180°の範囲で表される．また，ある地点の標高（elevation）とは，地表面の点を P′，この点を通る鉛直線と平均海面が交わる点を P としたとき，$h = \mathrm{P'P}$ をこの地表面の標高という．したがって，地表面の地点の位置は (ϕ, λ, h) で表される．

1.3.3　日本経緯度原点，日本水準原点

以上述べたように，わが国では各地（上）点の位置および標高の基準となる座標系と水準原点が設けられている．表 1.3 は 2002 年制定の世界測地系によるわが国の国家基準点としての測量原点であり，2011 年 3 月 11 日に発生した東北地方太平洋沖地震の影響を考慮して補正した原点数値である．

表中の原点方位角（azimuth at origin）とは，日本経緯度原点（Japanese standard

表 1.3　わが国の測量原点

名　称	所在地	原点数値
日本経緯度原点	東京都港区麻布台 2-18-1 日本経緯度原点金属標の十字の交点	経度　東経　139°44′28″8869 緯度　北緯　35°39′29″1572 原点方位角　32°20′46″209
日本水準原点	東京都千代田区永田町 1-1 尾崎記念公園内　水準点標石の水晶板の零分画線の中点	東京湾平均海面上　24.3900 m

datum of geographic coordinates）の地点において真北を基準として右回りに測定した茨城県つくば市北郷一番地内つくば超長基電波干渉計観測点金属標の十字の交点の方位角のことである．この値が与えられているということは，日本経緯度原点を通る x 軸（子午線）とそれに直交する y 軸が定まるということである．

わが国の標高の基準は東京湾平均海面である．東京湾平均海面とは明治 6 年より 6 年半にわたり，隅田川河口霊岸島においての潮位観測から得られた平均海面の標高を 0 m とし，精密水準測量により尾崎記念公園内に設置した水準点標石の高さを +24.3900 m と定め，日本水準原点（Japanese standard datum of leveling, Japanese standard datum of bench-mark）と呼んでいる．また，河川測量などでは，その水系固有の河川基準面を利用するほうが便利なことがあり，表 1.4 に示すようにいくつかの特殊基準面を設けている．

表 1.4　特殊基準面

名　称	略　称	適用河川名	東京湾平均海面に対する標高 [m]
利根川	Y.P.	利根川・江戸川	−0.8402
荒川	A.P.	荒川・中川・多摩川	−1.1344
淀川	O.P.	淀川・大阪港・神戸港	−1.3000
吉野川	A.P.	吉野川	−0.8333
北上川	K.P.	北上川	−0.8745
鳴瀬川	S.P.	鳴瀬川・塩釜港	−0.0873
雄物川	O.P.	雄物川	±0.0000
高梁川	T.P.	高梁川	±0.0000
木曽川	M.S.L.	木曽川・天竜川	±0.0000

第2章 測定値の取扱い方

2.1 誤差の分類

ある値を得ようと精密な器械を使用し，注意深く最大限の努力をして観測（observation）しても，測定値（observed value）は完全に一致するとは限らない．したがって，真値（真の値：ture value）と測定値の差を誤差（error）という．誤差はその性質によって三つに大別することができる．

2.1.1 過誤

過誤（mistake）は，錯誤や過失とも呼ばれ，測定者の不注意によって生じる誤りである．たとえば，目盛の読違い，記帳ミス，計算ミス，器械の取扱い方の間違い，測定目標の取違いなどをいう．記帳時の復唱，読合せ，検算など，十分に注意しなければならない．過誤は，理論的に発見したり，補正したりすることができないので，過誤の起こりにくい，また起こったときには見つけやすい観測方法や条件を考える必要がある．過誤は誤差論では誤差として取り扱わない．

2.1.2 定誤差

定誤差（constant error）は，系統（的）誤差（systematic error）とも呼ばれ，誤差を生じさせる原因が明らかであり，それに対応した一定量の誤差を計算または観測方法の工夫により除去できる誤差をいう．また，定誤差は一定の条件のもとではつねに同質，同量の誤差が生じ，測定を重ねると累積するので，累積誤差（cumulative error）または累差とも呼ばれている．さらに，定誤差は次のように細分化できる．

① **器械誤差**：たとえば，標準尺より伸びている鋼巻尺を用いて距離を測定すると，測定値は短く測定することになる．また，検定時と異なる高い温度，大きい張力で測定した場合も同様の結果となる．測定方法を工夫したり，標準尺との伸びの差や鋼巻尺の膨張係数を用いて補正計算したりすることで，これらを避けて正しい距離を求めることができる．このように，原因と特性を究明し，理論的に補正でき，測定の方法によっても消去できる測定器械による誤差を器械誤差（instrumental error）という．

② **個人誤差**：個人誤差（personal error）は，測定者の視準の癖により目盛を大きく読んだり小さく読んだりする場合に生じる誤差である．往復測量において役割を変

えて作業を行うのは、個人誤差を消去するためである.
③ **自然誤差**：自然誤差（natural error）は、物理的誤差（physical error）ともいい、日射のために熱くなった空気で、光が不規則に屈折されるために生じる像のゆらぎやぼけなどのことである．自然誤差は条件がわかれば補正できる．

2.1.3 不定誤差

不定誤差（random error）は、過誤、定誤差を除いても原因が特定できず、あるいは補正する方法がない数多くの微小な誤差の累積によるもので、一つひとつに分離することはできない．また、偶然的に生じるものであるため、偶然誤差（accidental error）または偶差ともいう．しかし、同じ条件で多数の観測を行えば、生じる不定誤差について、ある値を中心にして正負の値が出現する確率は全体的に一定の法則に従う．

誤差論（error theory）では、測定回数が非常に多い観測の場合においては、不定誤差は正規分布になり、その誤差を最小二乗法（method of least squares）の理論により調整して真値を推定することができる．この推定値のことを最確値（most probable value）といい、最確値と観測値の差は残差（residual）と呼ばれる．

以下、本書ではとくに断らない限り、誤差という用語は不定誤差のことを指すことにする．

2.2 正規分布

測定回数が非常に多い観測の場合、不定誤差の生じる確率について次の三つの法則が成り立つ．
① 小さい誤差は大きい誤差よりも数多く起こる．
② 絶対値の等しい誤差の起こる回数はほぼ同じである．
③ きわめて大きい誤差は、ほとんど起こらない．
これが誤差の 3 公理（three axioms of error）といわれるものである．

いま、同一量を同一条件で測定した一群の測定値について、図 2.1 のように残差の値を横軸に、各残差の個数を縦軸にとってプロットした点を結ぶと黒い線のような山形となる．もし、測定回数を限りなく増やすと、黒い線の山形は青い線のような、左右対称のつり鐘形に近い形の図形の曲線になる．この曲線を誤差曲線（error curve）という．

図 2.2 は誤差の 3 公理を数学的に表した誤差分布曲線（error distribution curve）といい、正規分布（normal distribution）に基づいている．ガウス（Gauss）によって導き出されたため、ガウス分布（Gaussian distribution）とも呼ばれている．

いま、誤差を x、非常に多くの測定を行ったときの誤差 x の生じる確率を y とする

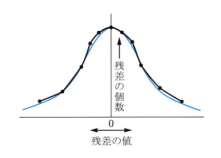
図 2.1 誤差曲線

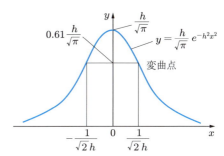
図 2.2 誤差分布曲線

と，y は x の関数になる．これを $y = \phi(x)$ で示すと，y は $x = 0$ のときに最大値をとる．正規曲線の特性により，正規曲線と x 軸の間でつくられる面積，すなわち誤差 x が $-\infty$ から $+\infty$ の確率は 1 でなければならないので，次式が得られる．

$$\int_{-\infty}^{+\infty} \phi(x) dx = 1$$

ここで，誤差 x_1, x_2, $\cdots$, x_n とすると，このような一連の誤差が生じる確率は，各誤差の生じる確率 $\phi(x_1)$, $\phi(x_2)$, $\cdots$, $\phi(x_n)$ の積である．したがって，真値であるための条件はこの確率の値が最大，すなわち一連の誤差の生じる確率の最も高いことである．このことを条件に計算を進め，誤差 x の生じる確率 $\phi(x)$ を求めると，$\phi(x)$ は次のような式で表される．

$$y = \phi(x) = \frac{h}{\sqrt{\pi}} e^{-h^2 x^2} \tag{2.1}$$

ここに，$\phi(x)$：誤差 x の生じる確率密度，π：円周率，e：自然対数の底，h：観測の精密さを示す定数である．

ここで，h は精度（precision）または精度指数（index of precision）と呼ばれ，誤差を観測値で割って無次元化した数値であり，種々の観測値間の信頼度を示す目安となる定数である．h が大きくなると曲線は狭く高くなり，小さな誤差が生じる確率が大きくなる．したがって，h が大きいほど観測値のばらつきが小さく，観測値の信頼度が高いことを示す．

$h = 1$ とおくと，精度を標準化したときの誤差曲線が得られる．しかし，この h は実用には不便なので，測量では h と関係あるほかの数値量で観測精度を比較することになる．このような目的で誤差の程度を示す指標として，次のようなものが用いられる．

2.2.1 標準偏差

測定回数を多数回観測したとき，観測値の誤差はばらつくが，1回の観測の平均的な誤差を表すために，誤差の2乗の平均をとる．いま，各観測値の誤差を x_i ($i = 1, 2, \cdots, n$) とすると，

$$m^2 = \frac{x_1{}^2 + x_2{}^2 + \cdots + x_n{}^2}{n} = \frac{\sum_{i=1}^{n} x_i{}^2}{n}$$

で表される．m は標準偏差（standard deviation），平均二乗誤差（mean square error），または中等誤差（mean error）と呼ばれる．誤差 x_i は式 (2.1) に示される確率で生じる誤差と考えてよく，測定回数 n を限りなく多くしていくと，各誤差 x_i は誤差曲線で示される頻度で起こることになり，その極限において，

$$m^2 = \int_{-\infty}^{+\infty} x^2 \phi(x) dx = \int_{-\infty}^{+\infty} \frac{h}{\sqrt{\pi}} x^2 e^{-h^2 x^2} dx = \frac{1}{2h^2}$$
$$m = \frac{1}{\sqrt{2}h} \tag{2.2}$$

となる．すなわち，n を大きくすれば，m は $1/(\sqrt{2}h)$ になる．測量学での中等誤差 m は，v を残差として次式で計算される．

$$m = \sqrt{\frac{v_1{}^2 + v_2{}^2 + \cdots + v_n{}^2}{n}} = \sqrt{\frac{\sum_{i=1}^{n} v_i{}^2}{n}}$$

2.2.2 確率誤差

確率誤差（probable error）r は，r より絶対値の大きい誤差の起こる確率と，r より絶対値の小さい誤差の起こる確率が等しいような誤差をいう．すなわち，

$$\int_{-r}^{+r} \frac{h}{\sqrt{\pi}} e^{-h^2 x^2} dx = \frac{1}{2}$$

を満足する r のことである．この定積分を解いて r を求めると，

$$r = \frac{0.47694}{h} \tag{2.3}$$

となる．式 (2.2)，(2.3) より，m と r の間には，

$$r = 0.6745 m \quad \text{あるいは} \quad m = 1.4826 r$$

の関係がある．なお，1回の観測値と n 回の算術平均値を比較すると，算術平均は，1回の観測の $\sqrt{n}$ 倍の精度をもった観測1回分に相当し，算術平均値の中等誤差 m_0，確

率誤差 r_0 は，

$$m_0 = \frac{m}{\sqrt{n}}, \quad r_0 = \frac{r}{\sqrt{n}}$$

となる．

2.2.3 平均誤差

誤差 x の絶対値の平均値を平均誤差（average error）e という．

$$e = \int_{-\infty}^{+\infty} |x|\phi(x)dx = 2\int_0^{+\infty} x\frac{h}{\sqrt{\pi}}e^{-h^2x^2}dx = \frac{1}{\sqrt{\pi}h}$$

したがって，

$$e = 0.7979\,m$$

となる．

2.2.4 特殊誤差

中等誤差 m，確率誤差 r，平均誤差 e の3種類の誤差を総称して特殊誤差（particular error）といい，次のような関係をもっている．

$$\frac{1}{h} = \frac{r}{0.4769} = \frac{m}{0.7071} = \frac{e}{0.5642}$$

または，次のようになる．

$$m = 1.4826\,r = 1.2533\,e, \; r = 0.6745\,m = 0.8453\,e, \; e = 0.7979\,m = 1.1829\,r$$

2.3 最小二乗法の原理

最小二乗法（method of least squares）とは，真値の推定値として最確値（most probable value）を採用し，最確値と観測値の差すなわち残差（residual）の2乗の総和を最小にする方法である．

いま，ある量 x を同じ条件で n 回独立に観測して得た値を $l_1, l_2, \cdots, l_n$ とする．このときの各観測値の誤差 $x_1, x_2, \cdots, x_n$ は，次のように表される．

$$x_1 = l_1 - x, \; x_2 = l_2 - x, \; \cdots, \; x_n = l_n - x$$

これらの誤差は n を大きくすれば，正規分布に従う．したがって，誤差 x_i の生じる確率 $p(x_i)$ は，

$$p(x_i) = \phi(x_i) = \frac{h_i}{\sqrt{\pi}}e^{-h_i^2 x_i^2} \quad (i = 1, 2, \cdots, n)$$

となる．したがって，n 個の観測はそれぞれ独立であるから，これらが同時に生じる

確率 P は,

$$P = p(x_1) \cdot p(x_2) \cdot \cdots \cdot p(x_n) = \frac{h_1 h_2 \cdots h_n}{(\sqrt{\pi})^n} e^{-(h_1^2 x_1^2 + h_2^2 x_2^2 + \cdots + h_n^2 x_n^2)}$$

で与えられる．観測は誤差を最小にしようとするので，P を最大にするときが最確値である．したがって，次の条件式が得られる．

$$h_1^2 x_1^2 + h_2^2 x_2^2 + \cdots + h_n^2 x_n^2 = 最小$$

したがって，誤差の2乗の総和を最小にするような値が最確値である．最小二乗法といわれるのはこのためである．しかし，いくら観測回数を増やしても限界があり，真値はわからないので誤差 x_i を求めることはできない．そこで，誤差の代わりに，最確値 l_0 に対する残差 $v_i = l_i - l_0$ を使うと，条件式は次式となる．

$$h_1^2 v_1^2 + h_2^2 v_2^2 + \cdots + h_n^2 v_n^2 = 最小 \tag{2.4}$$

各観測値の精度が等しいときには，$h_1 = h_2 = \cdots = h_n$ であるから，

$$v_1^2 + v_2^2 + \cdots + v_n^2 = 最小$$

の条件式のもとに最確値 l_0 を求めればよいことになる．各観測値の精度が異なるときには，式(2.4)を用いればよいが，精度 h_i は一般に実用的ではないので，重み p_i を使用して次のような条件式として表す．

$$p_1 v_1^2 + p_2 v_2^2 + \cdots + p_n v_n^2 = 最小$$

以上のことより，最小二乗法は等精度の場合には残差の二乗和を最小にするような値を最確値として求め，異精度の場合には残差の重み付き二乗和を最小にする値を最確値として求める方法をいう．

2.4 重 み

測量においては，精度の異なった器械で観測したり，測定回数の異なる観測の平均をとったり，それらを組み合わせて計算したりすることがしばしばある．しかし，その観測値を同じ価値として扱うことは公平ではない．そこで，信用の高い観測値にはそれにふさわしい価値を与えなければならない．このような観測値の重要度を重み（重量：weight）という．観測値にそれぞれ重みをつけて平均値を求めた場合，これを重み付き平均値（重量平均値，加重平均値：weighted mean）という．

重みを定める要素を示すと，次のようになる．
① **観測回数**：重み p は，観測回数 n に比例する．

$$p_1 : p_2 : p_3 : \cdots = n_1 : n_2 : n_3 : \cdots$$

② **誤差**：重み p は，標準偏差 m（または確率誤差 r）の 2 乗に反比例する．

$$p_1 : p_2 : p_3 : \cdots = \frac{1}{m_1^2} : \frac{1}{m_2^2} : \frac{1}{m_3^2} : \cdots$$

③ **路線長**：重み p は，直接水準測量における路線長 S または，トラバース測量の測点数 n に反比例する．

$$p_1 : p_2 : p_3 : \cdots = \frac{1}{S_1} : \frac{1}{S_2} : \frac{1}{S_3} : \cdots = \frac{1}{n_1} : \frac{1}{n_2} : \frac{1}{n_3} : \cdots$$

2.5　最確値

いま，ある量 X を同じ条件で n 回独立に観測して得た値を $l_1, l_2, \cdots, l_n$ およびその重み $p_1, p_2, \cdots, p_n$ を得たとする．ある量 X の最確値（most probable value）を l_0，残差を $v_1, v_2, \cdots, v_n$ とすると，

$$v_1 = l_1 - l_0,\ v_2 = l_2 - l_0,\ \cdots,\ v_n = l_n - l_0$$

であり，最小二乗法の原理より最確値 l_0 は，等精度（同じ重み）のとき，

$$V = \sum_{i=1}^{n} v_i^2 = (l_1 - l_0)^2 + (l_2 - l_0)^2 + \cdots + (l_n - l_0)^2$$

となり，異精度（重みが異なる）のとき，

$$V = \sum_{i=1}^{n} p_i v_i^2 = p_1(l_1 - l_0)^2 + p_2(l_2 - l_0)^2 + \cdots + p_n(l_n - l_0)^2$$

となる．ここで，V を最小にすればよい．

したがって，l_0 は

$$\frac{dV}{dl_0} = 0$$

を満足する値となる．

$$\frac{dV}{dl_0} = -2\{(l_1 + l_2 + \cdots + l_n) - n l_0\} = 0$$

これより，等精度のときの最確値 l_0 は次のようになる．

$$l_0 = \frac{l_1 + l_2 + \cdots + l_n}{n} = \frac{\sum_{i=1}^{n} l_i}{n}$$

これは算術平均である．つまり，同じ重みの観測値の算術平均は最確値である．

同様に，異精度の場合には最確値 l_0 は次式のようになる．

$$l_0 = \frac{p_1 l_1 + p_2 l_2 + \cdots + p_n l_n}{p_1 + p_2 + \cdots + p_n} = \frac{\sum_{i=1}^{n} p_i l_i}{\sum_{i=1}^{n} p_i}$$

2.6 最確値の標準偏差

標準偏差 m を残差 v を用いて表すと，2.2.1 項で述べた次式で示すことができる．

$$m = \sqrt{\frac{\sum_{i=1}^{n} v_i^2}{n-1}}$$

これが残差 v_i を用いて観測値 l_i の標準偏差 m を求める式である．したがって，最確値 l_0 の標準偏差 m_0 は次のようになる．

$$m_0 = \sqrt{\frac{\sum_{i=1}^{n} v_i^2}{n(n-1)}}$$

重み p が異なるとき，各観測値の標準偏差 M は次のようになる．

$$M = \sqrt{\frac{\sum_{i=1}^{n} p_i v_i^2}{p_i(n-1)}}$$

最確値の標準偏差 M_0 は次式のようになる．

$$M_0 = \sqrt{\frac{\sum_{i=1}^{n} p_i v_i^2}{(n-1)\sum_{i=1}^{n} p_i}}$$

2.7 誤差伝播の法則

測量では，実際の観測結果に基づいて距離，角度，面積などの計算をすることが多い．これらの観測値に誤差が含まれていれば，当然計算した値にもその誤差の影響が出てくる．また，広範囲な測量において，一度に観測ができないときには，数区間に分けて観測を行って総和した値，または関数で求めた値を全体の観測値として取り扱っているのが現状である．

したがって，最終的に得られた値にどのような誤差が含まれているのかを知ること

が重要となってくる．それぞれの観測値に含まれる誤差が累積して大きな誤差となるのか，またはそれぞれの誤差が打ち消し合って小さな誤差となるのかという本質をはっきりと見極め，数学的に観測値のどのような関数であるのかを示したものを誤差伝播の法則（law of propagation of error）という．

いま，互いに独立した観測値 x_1, x_2, $\cdots$, x_n を用いて $y = f(x_1, x_2, \cdots, x_n)$ の関係式より y を求めるとき，y の標準偏差 M はそれぞれの観測値の標準偏差を m_1, m_2, $\cdots$, m_n とすると，

$$M = \sqrt{\left(\frac{\partial f}{\partial x_1}\right)^2 {m_1}^2 + \left(\frac{\partial f}{\partial x_2}\right)^2 {m_2}^2 + \cdots + \left(\frac{\partial f}{\partial x_n}\right)^2 {m_n}^2} \quad (2.5)$$

で示すことができる．式 (2.5) を誤差伝播の一般式という．観測値 x，その標準偏差 m で，a を定数とすると，簡単な関数 X の標準偏差 M は誤差伝播の一般式より次のようになる．

① $X = ax$ の場合

$$M = am$$

② $X = x_1 \pm x_2$ の場合

$$M = \sqrt{{m_1}^2 + {m_2}^2}$$

③ $X = x_1 \pm x_2 \pm \cdots \pm x_n$ の場合

$$M = \sqrt{{m_1}^2 + {m_2}^2 + \cdots + {m_n}^2}$$

④ $X = a_1 x_1 \pm a_2 x_2 \pm \cdots \pm a_n x_n$ の場合

$$M = \sqrt{{a_1}^2 {m_1}^2 + {a_2}^2 {m_2}^2 + \cdots + {a_n}^2 {m_n}^2}$$

⑤ $X = x_1 x_2$ の場合

$$M = \sqrt{{x_2}^2 {m_1}^2 + {x_1}^2 {m_2}^2}$$

⑥ $X = x_1 / x_2$ の場合

$$M = \frac{x_1}{x_2} \sqrt{\left(\frac{m_1}{x_1}\right)^2 + \left(\frac{m_2}{x_2}\right)^2}$$

例題 2.1 ある測線を同一条件で測定し，次の結果を得た．その測線の最確値および中等誤差を求めよ．

102.572 m, 102.573 m, 102.570 m, 102.571 m

解

まず，最確値 l_0 を求める．

$$l_0 = 102.570 + \frac{0.002 + 0.003 + 0 + 0.001}{4}$$
$$= 102.5715 \text{ m}$$

中等誤差 m_0 の計算は表 2.1 のように簡略に表すとよい．

$$\therefore \quad m_0 = \pm\sqrt{\frac{0.00000500}{4(4-1)}} \fallingdotseq \pm 0.000645 \text{ m}$$

表 2.1

測定値 l	残差 $v = l - l_0$	残差平方 v^2
102.572	0.0005	0.00000025
102.573	0.0015	0.00000225
102.570	-0.0015	0.00000225
102.571	-0.0005	0.00000025
$l_0 = 102.5715$	$\sum_{i=1}^{4} v_i^2 = 0.00000500$	

答　最確値　102.5715 m，中等誤差　± 0.000645 m

例題 2.2 ある測線を測定し，表 2.2 の結果を得た．この結果に基づいてその測線の最確値および中等誤差を求めよ．ただし，各回の測定は同一精度で行われたものとする．

表 2.2

測定群	測定値 [m]	測定回数
1	32.356	2
2	32.358	4
3	32.354	3

解

各回の測定は同一精度で行われているので，各群の重みは，測定回数に比例する．各群の重みを $p_1 \sim p_3$ とすれば，次のようになる．

$$p_1 : p_2 : p_3 = 2 : 4 : 3$$

最確値 l_0 は重み p を使用して求める．

$$l_0 = \frac{\sum_{i=1}^{3} p_i l_i}{\sum_{i=1}^{3} p_i} = 32.350 + \frac{2 \times 0.006 + 4 \times 0.008 + 3 \times 0.004}{2 + 4 + 3} = 32.356 \text{ m}$$

中等誤差 m_0 の計算は表 2.3 に表す．

$$\therefore \quad m_0 = \pm\sqrt{\frac{0.000028}{9(3-1)}} \fallingdotseq \pm 0.0012 \text{ m}$$

表 2.3

l	p	v	v^2	pv^2
32.356	2	0	0	0
32.358	4	0.002	0.000004	0.000016
32.354	3	-0.002	0.000004	0.000012
$l_0 = 32.356$, $\sum_{i=1}^{3} p_i = 9$			$\sum_{i=1}^{3} p_i v_i^2 = 0.000028$	

答　最確値　32.356 m，中等誤差　± 0.0012 m

例題 2.3 ある測線を四つに分けて測ったとき，次の値を得た．
$$L_1 = 149.5512\,\mathrm{m} \pm 0.0014\,\mathrm{m},\ L_2 = 149.8837\,\mathrm{m} \pm 0.0012\,\mathrm{m}$$
$$L_3 = 149.3363\,\mathrm{m} \pm 0.0015\,\mathrm{m},\ L_4 = 149.4488\,\mathrm{m} \pm 0.0015\,\mathrm{m}$$
ここに，$\pm 0.0014\,\mathrm{m}$ などは測定した精度を示す確率誤差である．全長は，
$$L = L_1 + L_2 + L_3 + L_4 = 598.2200\,\mathrm{m}$$
であるが，このときの確率誤差を次の中から選べ．

(1) $\pm 0.0028\,\mathrm{m}$　(2) $\pm 0.0014\,\mathrm{m}$　(3) $\pm 0.0056\,\mathrm{m}$　(4) $\pm 0.0060\,\mathrm{m}$　(5) $\pm 0.0015\,\mathrm{m}$

[測量士]

解

$L_1 \sim L_4$ に対する確率誤差をそれぞれ $r_1 \sim r_4$ とし，全長 L に対する確率誤差を r とすれば，
$$L = L_1 + L_2 + L_3 + L_4$$
に誤差伝播の法則を適用して，
$$r = r_1 + r_2 + r_3 + r_4$$
が得られるから，
$$r_1 = \pm 0.0014\,\mathrm{m},\ r_2 = \pm 0.0012\,\mathrm{m},\ r_3 = \pm 0.0015\,\mathrm{m},\ r_4 = \pm 0.0015\,\mathrm{m}$$
とおけば，
$$r^2 = (0.0014)^2 + (0.0012)^2 + (0.0015)^2 + (0.0015)^2$$
$$= (14^2 + 12^2 + 15^2 + 15^2) \times 10^{-8} = 790 \times 10^{-8}$$
$$\therefore\ r = \pm\sqrt{790} \times 10^{-4}\,\mathrm{m} \fallingdotseq \pm 0.0028\,\mathrm{m}$$
となる．

答　(1)

2.8 間接観測における最小二乗法

　測量では，求めたい量と関数関係にあるほかの量を直接観測して，その結果より求めたい量を間接的に算出することがよくある．たとえば，スタジア測量で夾長の観測値より距離を算出したり，河川測量で流速計の回転翼の回転数より流速を求めたりする場合である．このようなときには，次のような1次式より算出する．
$$y = ax + b$$
　実際には x を観測して y を算出するが，係数 a, b が不明のときには，逆に x と y を観測し，a, b をあらかじめ決定しなければならない．係数が2個であるから x, y の値も2組あれば a, b の値は求めることができる．しかし，測量では x, y の観測誤差も考え，x, y を数回観測した n 組の値から最小二乗法により，a, b の最確値を次

のように求める．

まず，x と y を n 組観測する．
$$y_1 = ax_1 + b, y_2 = ax_2 + b, \cdots, y_n = ax_n + b$$
ところが，実際には観測誤差が含まれているので，
$$v_1 = (ax_1 + b) - y_1, v_2 = (ax_2 + b) - y_2, \cdots, v_n = (ax_n + b) - y_n$$
となり，残差 $v_1, v_2, \cdots, v_n$ が生じる．

したがって，
$$V = \sum_{i=1}^{n} v_i^2 = (ax_1 + b - y_1)^2 + (ax_2 + b - y_2)^2 + \cdots + (ax_n + b - y_n)^2$$
を最小にするような a, b を求めればよい．すなわち，
$$\frac{\partial V}{\partial a} = 2\left(a\sum_{i=1}^{n} x_i^2 + b\sum_{i=1}^{n} x_i - \sum_{i=1}^{n} x_i y_i\right) = 0$$
$$\frac{\partial V}{\partial b} = 2\left(a\sum_{i=1}^{n} x_i + nb - \sum_{i=1}^{n} y_i\right) = 0$$
となる．これより，a, b の最確値は次のようになる．
$$a = \frac{\sum_{i=1}^{n} x_i \sum_{i=1}^{n} y_i - n\sum_{i=1}^{n} x_i y_i}{\sum_{i=1}^{n} x_i \sum_{i=1}^{n} x_i - n\sum_{i=1}^{n} x_i^2}, \quad b = \frac{\sum_{i=1}^{n} x_i \sum_{i=1}^{n} x_i y_i - \sum_{i=1}^{n} x_i^2 \sum_{i=1}^{n} y_i}{\sum_{i=1}^{n} x_i \sum_{i=1}^{n} x_i - n\sum_{i=1}^{n} x_i^2}$$

例題 2.4 流速計の翼の回転数 N と流速 v の関係式は $v = aN + b$ で求められ，a, b は流速計の種類によって決まる定数である．したがって，流速を求めるためには a, b が定まっていなければならない．

いま，$0.1\,\mathrm{m/s}$ ごとに流速を変化させ，そのときの翼の回転数 N を測定した結果が表 2.4 のようであったとき，a および b の最確値を求め，流速式を完成せよ．

表 2.4

流速 v [m/s]	回転数 N	N^2	Nv
0.1	1	1	0.1
0.2	2	4	0.4
0.3	4	16	1.2
0.4	5	25	2.0
0.5	7	49	3.5
0.6	8	64	4.8
2.1	27	159	12

解 ....
$$a = \frac{\sum_{i=1}^{6} x_i \sum_{i=1}^{6} y_i - 6\sum_{i=1}^{6} x_i y_i}{\sum_{i=1}^{6} x_i \sum_{i=1}^{6} x_i - 6\sum_{i=1}^{6} x_i^2}, \quad b = \frac{\sum_{i=1}^{6} x_i \sum_{i=1}^{6} x_i y_i - \sum_{i=1}^{6} x_i^2 \sum_{i=1}^{6} y_i}{\sum_{i=1}^{6} x_i \sum_{i=1}^{6} x_i - 6\sum_{i=1}^{6} x_i^2}$$

より，次のようになる．

$$a = \frac{27 \times 2.1 - 6 \times 12}{27 \times 27 - 6 \times 159}, \quad b = \frac{27 \times 12 - 159 \times 2.1}{27 \times 27 - 6 \times 159}$$

$$a = 0.068, \quad b = 0.044$$

答　$v = 0.068\,N + 0.044$

演習問題

2.1 次の文は，定誤差の原因について述べたものである．（　）内に適切な語句を入れよ．
  (1) 測定時に使用する器械・器具が検定時，または標準尺などと異なる状態で使用されたために生じる誤差を（①）という．
  (2) 測定者の癖など，個人ごとに差が生じる誤差を（②）という．
  (3) 自然現象の影響により生じる誤差を（③）という．

2.2 誤差の3公理を説明せよ．

2.3 ある測線を同一条件で測定し，次の結果を得た．その測線の最確値，中等誤差，精度を求めよ．
　　　　50.032 m, 50.018 m, 49.985 m, 49.991 m, 50.023 m

2.4 同一角を同一条件で測定し，次の結果を得た．その角の最確値および中等誤差を求めよ．
　　　　$36°28'32''$, $36°28'36''$, $36°28'34''$

2.5 精密なプラニメーターを使用してある区域の面積を毎回独立に測定し，次の結果を得た．この結果から最確値，中等誤差，精度を求めよ．
　　　　149.568 cm^2, 149.586 cm^2, 149.572 cm^2, 149.577 cm^2, 149.580 cm^2

2.6 2点AB間の距離を独立に8回測定し，次の結果を得た．このときの最確値，確率誤差，精度を求めよ．
　　25.213 m, 25.221 m, 25.198 m, 25.218 m, 25.250 m, 25.123 m, 25.201 m, 25.231 m

2.7 2点AB間の距離を複数回測定し，表2.5の結果を得た．この結果に基づいて，その測線の最確値，中等誤差，精度を求めよ．

表 2.5

測定群	測定値 [m]	測定回数
1	50.24	3
2	50.17	2
3	50.18	5
4	50.22	2

2.8 図2.3のような経路を経て，点Aから出発して点Bまでの水準測量を行い，次の結果を得た．このときの2点AB間の高低差を求めよ．
　　　経路1：路線長　2 km

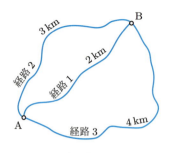

図 2.3

　　　　高低差　$l_1 = +4.285\,\mathrm{m}$
　経路 2：路線長　3 km
　　　　高低差　$l_2 = +4.290\,\mathrm{m}$
　経路 3：路線長　4 km
　　　　高低差　$l_3 = +4.287\,\mathrm{m}$

2.9 ある路線を 4 区間に分けて測定した結果，次の値（最確値 ± 中等誤差）を得た．路線全長の中等誤差を求めよ．

　　　　第 1 区間　$49.5732\,\mathrm{m} \pm 0.0002\,\mathrm{m}$，第 2 区間　$47.8563\,\mathrm{m} \pm 0.0004\,\mathrm{m}$
　　　　第 3 区間　$48.7856\,\mathrm{m} \pm 0.0003\,\mathrm{m}$，第 4 区間　$46.6781\,\mathrm{m} \pm 0.0005\,\mathrm{m}$

第3章

距離測量

3.1 距離とは

測量では，距離を測定することを測距（measurement of distance）という．単に距離といえば水平距離（horizontal distance）のことである．図 3.1 において，直線 AB は斜面に沿って測定した長さであり，斜距離（slope distance）と呼ばれる．これに対して，点 A を通る水平面（horizontal plane）に点 B から垂線を下ろし，その足を B′ とする．このとき，A と B′ を結ぶ線分 AB′ を水平距離という．また，BB′ を高低差（difference of elevation），あるいは鉛直距離（vertical distance）または比高（relative height）という．また，∠BAB′ = θ を傾斜角（inclination angle），あるいは高度角（elevation angle）または鉛直角（vertical angle）という．一般に，測定される距離は斜距離が多いので，次式により水平距離に換算しなければならない．

$$L = l\sqrt{1 - \left(\frac{h}{l}\right)^2} \fallingdotseq l - \frac{h^2}{2l} \tag{3.1}$$

また，傾斜角を測定した場合は次式で計算できる．

$$L = l\cos\theta \tag{3.2}$$

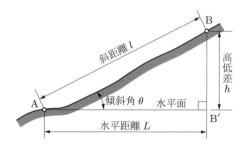

図 3.1 水平距離と斜距離

3.2 距離測量の分類

距離測量（distance surveying）には種々の方法があるが，次のように大別できる．
① **直接距離測量**（direct distance surveying）：測定しようとする距離を巻尺および各種測距儀などで，直接測定する方法である．

② **間接距離測量**（indirect distance surveying）：測定しようとする距離を直接測るのではなく，幾何学的または物理学的な原理を利用し，間接的に測定する方法である．

3.3 距離測量に必要な器具

ここでは現在使用されているおもな器具を示す．

3.3.1 巻　尺

① **ガラス繊維巻尺**（eslon tape）：2～3 万本のガラス繊維を長さ方向にそろえ，塩化ビニールを繊維に浸透成形させたのち，特殊ビニールインキを用いて目盛を印刷した巻尺である．軽量で，取扱いも簡単で折れ曲がりがないため，携帯に便利である．しかし，吸湿性が強く，乾湿や張力による伸び縮みが大きいので，それほどの精度を必要としない測量に用いられる．

② **鋼巻尺**（steel tape）：鋼巻尺は，炭素工具鋼またはステンレス鋼などの材質で，幅約 10 mm，厚さ約 0.5 mm の帯状の表面に mm 単位の目盛と数字を印刷したものである．鋼巻尺は，温度変化および張力に対して伸縮が相当大きい．しかし，これらの欠点は測定方法，補正方法により相当取り除くことができるため，かなり精度の高い測量に用いることができる．

上記 2 種類の巻尺は計量器であるから，計量法に従って一定の誤差の範囲内でなければ製造・販売することができない．この誤差の範囲を検定公差（tolerance）という．一方，計量法による検定公差とは別に，JIS によりガラス繊維巻尺と鋼巻尺とについて，さまざまな規定がなされている．JIS による鋼巻尺の許容差を表 3.1 に，測定長の許容差を表 3.2 に示す．

表 3.1　鋼巻尺の許容差（20°C 張力 20 N における値）

表す量	1 級	2 級
1 m 以下	±0.3 mm	±0.6 mm
1 m を超えるとき	0.3 mm に 1 m またはその端数を増すごとに 0.1 mm を加えた値．$0.3 + (N-1) \times 0.1$ mm（N：メートル数）	0.6 mm に 1 m またはその端数を増すごとに 0.2 mm を加えた値．$0.6 + (N-1) \times 0.2$ mm（N：メートル数）

表 3.2　測定長の許容差

表す量 [m]		1	5	10	20	30	50	100
許容差 [mm]	1 級	0.3	0.7	1.2	2.2	3.2	5.2	10.2
	2 級	0.6	1.4	2.4	4.4	6.4	10.4	20.4

したがって，50 m の鋼巻尺で JIS による 1 級の許容差をみると，50 m で 5.2 mm であり，5.2 mm/50 m ≒ 1/9600 のように高い精度をもっている．しかし，50 m 鋼巻尺ではつねにこの範囲の誤差が含まれていると考えなければならず，あらかじめ使用する鋼巻尺固有の誤差を求めておいて測定距離をその分だけ補正しなければならない．

3.3.2 ポール

ポール（pole）は主として測点の位置や測線の方向を示すために用いられる全長 2～5 m，直径 3 cm の木または金属でつくられた丸棒である．目標としやすいように，20 cm ごとに赤白に塗り分けられている．先端に石突きがついており，測点の中心にポールを合わせたり，土中に押し込んでポールを立てるのに利用される．ポールを正確に立てるために，図 3.2 に示すポール立て（pole stand）を使用する．

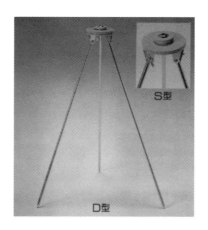

図 3.2　ポール立て

3.3.3 測量ピン

測量ピン（chaining pin）は，何回か巻尺を繰り返し移し，長い距離を測量しなければならない場合に，巻尺の端の位置を示したり，繰返し回数を確かめるために用いられる鉄製のピンであり，通常 10 本 1 組で使用する．測量ピンの先端に円錐形の鉛製錘を付けたものをドロップピン（drop pin）といい，空間内の点の地上への正投影点を求めるのに用いられる．

3.3.4 にぎり柄，スプリングバランス

にぎり柄（grip handle）は，鋼巻尺の任意の場所を引っ張るのに用いられ，スプリングバランス（ばね秤：spring balance）は，鋼巻尺に引っ掛けて巻尺の張力の大きさの測定に用いられる．また，測定時の温度を測定するため，棒状の温度計の両端にフッ

クを取り付け，鋼巻尺に引っ掛けるようにした巻尺用温度計（tape thermometer）も用いられる．

3.3.5 クリノメータ

クリノメータ（clinometer）は，地層の傾斜角を測定するための器具であり，傾斜儀とも呼ばれている．一様な勾配の傾斜地の傾斜角を測るのに便利である．

3.4 巻尺の特性値

巻尺の検定公差や許容差は，その長さの巻尺の誤差の限度を示したもので，それが正確な長さと比較してどれだけ違っているかを示していない．そこで，精密な距離測量を行う直前には，温度，張力などを一定にして，標準の長さと比較検定しなければならない．検定の結果，測定値に対するその巻尺固有の目盛誤差を決め，測定長に対する補正値の形で表す．

このような巻尺固有の誤差（補正値）を特性値（characteristic value of scale）または尺定数（constant of scale）と呼んでいる．たとえば，巻尺の特性値は $50\,\mathrm{m}+4.6\,\mathrm{mm}$（15°C，100 N）のように表示する．これは，15°Cのとき，100 Nの張力で検定した長さは50.0046 mであることを表している．したがって，正しい50 mの巻尺よりも4.6 mm伸びているということである．この巻尺で距離を測定すれば50 mについて4.6 mmずつ短く測定されることになる．また，巻尺が縮んでいる場合は，それだけ短い巻尺で測定することになり，測定値は実際より長く読み取られる．

いま，長さ S の巻尺の特性値が $-\delta$ であるとき，この巻尺での測定長を l とすれば，正しい距離 L は次式で求められる補正量 C_c を加えて求められる．

$$L = l + C_\mathrm{c}$$

$$C_\mathrm{c} = -\frac{\delta l}{S} \tag{3.3}$$

図 3.3 に式 (3.3) の証明を示す．

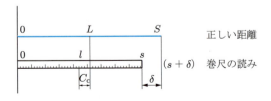

図 3.3 巻尺の特性値

[証明] 図 3.3 より，次のようになる．

$$S : (-\delta) = (l + C_\mathrm{c}) : C_\mathrm{c}$$
$$\therefore \quad C_\mathrm{c} = \frac{-\delta l}{S + \delta} \doteqdot -\frac{\delta l}{S}$$

例題 3.1 2 点間の距離を測定して 248.55 m を得た．測定に用いた鋼巻尺の特性値は 50 m + 8 mm である．この正しい距離を求めよ．

解
式 (3.3) より

$$L = l + \frac{\delta l}{S} = 248.55 + \frac{0.008 \times 248.55}{50} \doteqdot 248.59 \,\mathrm{m}$$

<u>答　248.59 m</u>

3.5　距離の測り方

3.5.1　平坦地の場合

　前手（leader）とは巻尺の前進方向の端をもつ者で，後手（follower）とは巻尺の出発点に近い一端をもって前手に追従する者をいう．図 3.4 に示すような 2 点 AB 間の距離を測定する方法について説明する．
① 点 A，B にポールを立てる．
② 前手はポール 1 本，測量ピン 1 組および巻尺の先端（零点）をもち，点 A から点
　　B の方向に前進し，歩測により巻尺の全長より約 20 cm 手前に止まり，この位置

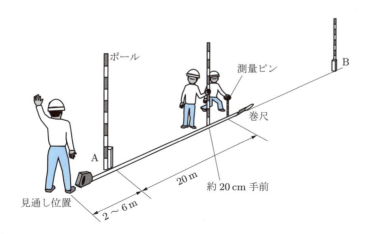

図 3.4　平坦地の距離測量

にポールを立てて見通し係の合図を待つ．
③ ②と同時進行で見通し係が点 A の後方 2〜6 m の位置に立つ．
④ 班長の合図により見通し係は点 A と点 B のポールを見通して，前手の立てたポールが見通し線中に入るように手で合図して正しく AB 線上に入れる．
⑤ 前手のポールが AB 線上に入ったら，ポールの先端を軽く地中に入れて印を付け，巻尺を測線上に伸ばして後手とともに所定の張力で引っ張り，巻尺の零点の示す位置に正確に測量ピンを立てる．
⑥ これで AB 線上に点 A から正しく巻尺の長さに等しい距離にある点が定められた．
⑦ この作業が終了すれば，前手と後手は巻尺の端をそれぞれ持って一緒に前進し，後手が⑤で立てた測量ピンの位置にきたときに同時に止まる．
⑧ ④のように前手のポールを見通し線中に入れ，⑤のように測量ピンを立てる．
⑨ ⑧の作業が終了したら，後手は測量ピンを抜き取って⑦の作業を繰り返す．
⑩ 最後に端数が残るが，このときは前手が点 B に巻尺の零点を合わせて後手が端数を読む．
⑪ 以上の操作を繰り返し，後手の集めた測量ピンの数（この測量ピンの数は，前手の持っている測量ピンの数と合わせると 10 本になることを確認すること）と巻尺の全長を掛けた値に端数を加えて求める距離とする．

以上，往測量終了後，復測量を行い，往復の測定値の平均をとる．この場合は，個人誤差を取り除くために，前手と後手は交替するようにする．

3.5.2 傾斜地の場合

一様勾配の傾斜地では，斜距離を 3.5.1 項で述べた方法により測定し，傾斜角を測れば計算により水平距離は求めることができる．しかし，勾配が必ずしも一様でない傾斜地に対する水平距離の測定には，次の二つの方法がある．

(1) 降　測

降測 (chaining by downhill) は，図 3.5(a) のように，高い地点から低い地点に階段状に水平距離を直接測定していく方法である．すなわち，後手は点 A に巻尺の零点を合わせ，前手は巻尺をポールにそえて水平に張って巻尺を読み取り，その位置から下げ振りで鉛直に地面に落とす．この地点を次の操作の原点として作業を繰り返し，それぞれの水平距離を加えて求める水平距離とする．すなわち，AB 間の水平距離は，$L = l_1 + l_2 + l_3 + l_4$ で示される．一般に，降測は登測と比較して作業も容易で精度的にも優れているので，なるべく降測を用いるのが望ましい．

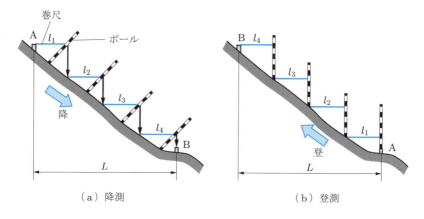

図 3.5 傾斜地の距離測量

(2) 登 測

登測（chaining by uphill）は，図 3.5(b) のように，降測と逆に AB 間の水平距離を階段状に低い地点から高い地点に向かって測定する方法である．すなわち，前手が巻尺の零点を地上に接触させ，後手は巻尺を水平に張って点 A に鉛直に立てたポールを切る巻尺の目盛を読めばよい．この操作を点 B まで繰り返し，それぞれの水平距離を加えて求める水平距離とする．すなわち，AB 間の水平距離は，$L = l_1 + l_2 + l_3 + l_4$ で示される．

3.6 精密な直接距離測量

鋼巻尺の特性を利用すると，高い精度の精密な直接距離測量が可能である．後述する種々の補正を施すと，1/10000 以上の精度を得ることが可能である．図 3.6 に示すように，鋼巻尺の全長より少し短い区間 AB をなるべく等間隔な小区間に分割し，点 A 上にトランシットを据え，点 B を正しく見通し，図 3.6 のように鋼巻尺を挟み込む

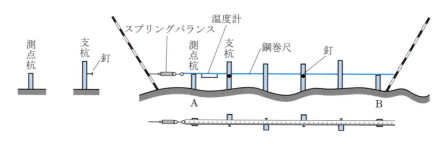

図 3.6 鋼巻尺による距離測量

ように支杭を左右交互になるように打ち込む．支杭の内側には鋼巻尺の幅より少し長い釘を点 A，B と等しい高さになるようにそろえて打ち，これに鋼巻尺を保持させる．点 A および点 B の杭は測点杭と呼ばれ，杭頭に厚紙または薄いブリキ板などを打ち付けておき，真中に読取り線を描いておく．鋼巻尺の端にスプリングバランスを取り付けて引張りがはたらくようにしておく．また，途中の鋼巻尺に巻尺用温度計を引っ掛けておく．

　この工程が完了したら，前手と後手は同時に所定の張力で鋼巻尺を引っ張る．所定の張力に達したとき，「よし」の合図で鋼巻尺の前端と後端の読みを前手と後手は瞬時に読み取り，記帳者に告げる．鋼巻尺の位置をずらし，上記の作業を繰り返す．往路の測定が完了すれば，個人誤差を消去するため，前手と後手を交替して復路の測定を行う．温度は作業の開始時と終了時に測定する．作業が長時間にわたるときは，その中間で適宜測定する．しかし，鋼巻尺は膨張係数が大きいので，なるべくなら曇天で風がなく朝夕の気温の変化が少ないときに行うのがよい．以上の観測値を各種の補正を加えたあとで平均する．

3.7　距離測量における精度の表し方

　誤差を観測値で割って無次元化した数値を精度または相対誤差といい，種々の観測値間の信頼度を客観的に比較するときに用いられる．距離測量においては，測定値の最確値と標準偏差または確率誤差の比を分数で表示し，分子を 1 としたものを精度とする．また，往復測定した場合は，その測定値の最確値と往と復の測定値の差（これを較差または出合差という）の比を精度とする．

3.8　測定値の補正

　距離測量の場合，正しい距離を求めるためには測定値に含まれる定誤差を除去しなければならない．そのためには，その条件を明確にし，次のような補正計算により測定結果の各種誤差を消去する必要がある．

① **特性値補正**（correction for constant）C_c：標準尺と使用巻尺の間にある誤差を除去するための補正で，次式で求められる．

$$C_c = \pm \frac{\delta l}{S}$$

　ここに，S：巻尺の長さ，δ：巻尺の特性値，l：測定距離である．ただし，式中の正は巻尺が伸びている場合であり，負は縮んでいる場合である．

② **傾斜補正**（correction for grade）C_g：巻尺が水平でないための誤差を除去するための補正で，次式で求められる．

$$C_\mathrm{g} = -\frac{h^2}{2l}$$

ここに，h：2点間の高低差，l：測定距離である．ただし，傾斜補正値はつねに負である．

③ **温度補正**（correction for temperature）C_t：測定時の温度が検定温度でないために生じる巻尺の温度伸縮による誤差を除去するための補正で，次式で求められる．

$$C_\mathrm{t} = \varepsilon l(T - T_0)$$

ここに，ε：巻尺の線膨張係数（鋼巻尺 $\varepsilon \fallingdotseq 0.0000116/℃$），$T$：測定時の温度，$T_0$：検定（標準）温度，$l$：測定距離である．

④ **張力補正**（correction for pull）C_p：検定時と異なる張力で巻尺を引いたために生じる誤差を除去するための補正で，次式で求められる．

$$C_\mathrm{p} = \frac{(P - P_0)l}{AE}$$

ここに，P：測定時の張力，P_0：検定時の張力，A：巻尺の断面積，E：巻尺の弾性係数（ヤング係数）（鋼巻尺 $E = 20.58 \times 10^{-4}\,\mathrm{N/mm^2}$），$l$：測定距離である．

⑤ **たるみ補正**（correction for sag）C_s：巻尺自体の重量によるたるみのために生じる誤差を除去するための補正で，次式で求められる．

$$C_\mathrm{s} = \frac{\omega^2 l^3}{24P^2}$$

ここに，ω：巻尺の単位重量（一般の巻尺では$1.8\,\mathrm{g/m}$），P：測定時の張力，l：測定距離である．

⑥ **標高補正**（correction for height）C_h：標高の高い地点で精密な距離測量を行う場合に，基準面に投影して基準面上の距離に換算するための補正であり，次式で求められる．

$$C_\mathrm{h} = -\frac{Hl}{R}$$

ここに，H：測定地点の平均標高，R：地球の平均半径（$R = 6370\,\mathrm{km} = 6370000\,\mathrm{m}$），$l$：測定距離である．

⑦ **総合補正**（補正の重ね合せ）：①～⑥に示した各補正を総合した補正である．理論上は，一つの補正を施して標準状態のもとでの長さに換算し，この長さを用いて次の補正を逐次計算していくべきであるが，一般に各補正量は測定長に比べて非常に小さいので，各補正量の算出に用いる測定長は最初に与えられた測定長を使用し，次式のように独立に得られた各補正量の合計を総合補正Cとする．

$$C = C_\mathrm{c} + C_\mathrm{g} + C_\mathrm{t} + C_\mathrm{p} + C_\mathrm{s} + C_\mathrm{h}$$

例題 3.2 　点 A から点 B まで，一様な傾斜の道路上で 50 m 鋼巻尺による距離測量を行い，斜面に沿った測定値 499.562 m を得た．測定中の平均温度は 24°C，AB 間の高低差は水準測量により 10.5 m であった．AB 間の正しい距離を求めよ．ただし，この鋼巻尺の特性値は 50 m − 7.5 mm（15°C, 100 N），線膨張係数は +0.000012/°C とする．

[測量士]

解

題意より，温度，傾斜，特性値の各補正を行う必要がある．

温度補正
$$C_\mathrm{t} = \varepsilon l(T - T_0) = 0.000012 \times 499.562(24 - 15) \fallingdotseq 0.05395 \text{ m}$$

傾斜補正
$$C_\mathrm{g} = -\frac{h^2}{2l} = -\frac{10.5^2}{2 \times 499.562} \fallingdotseq -0.11034 \text{ m}$$

特性値補正
$$C_\mathrm{c} = \frac{\delta l}{S} = \frac{(-0.0075) \times 499.562}{50} \fallingdotseq -0.0749 \text{ m}$$

総合補正
$$C = 0.0540 - 0.1103 - 0.0749 = -0.1312 \text{ m}$$

したがって，正しい距離 L は，次のようになる．
$$L = 499.562 + C = 499.562 - 0.131 = 499.431 \text{ m}$$

答　499.431 m

演習問題

3.1 50 m の鋼巻尺が正しい長さに比べて 5 mm 縮んでいた．この巻尺を用いて測点 AB 間の距離を測定したところ 130.000 m であった．測点 AB 間の正しい距離を求めよ．

3.2 2 点間の距離を測定して，325.380 m を得た．測定時の気温は 10°C で，測定に用いた鋼巻尺の特性値は 50 m + 2.8 mm（15°C, 100 N），線膨張係数は 0.000012/°C である．また，2 点間の高低差は 8.500 m であった．このときの 2 点間の正しい距離を求めよ．

3.3 演習問題 3.2 において測定した 2 点間の平均標高が 500.00 m であった場合の，基準面上の距離を求めよ．

3.4 50 m の鋼巻尺を用いて距離を測定するとき，傾斜の補正が 50 m につき 1 cm となる．このときの高低差を求めよ．

3.5 2 測点 A，B の斜距離を鋼巻尺によって測定して 200.000 m の測定値を得た．このときの平均気温は 25°C で，鋼巻尺の特性値は 50 m − 3.5 mm（15°C, 100 N），線膨張係数は 0.000012/°C であり，AB 間の高低差は水準測量により 14.000 m であった．このときの AB 間の正しい距離を求めよ．

第4章 水準測量

4.1 水準測量とは

　水準測量（leveling）は高低測量とも呼ばれ，地球表面上にある各地点の高低差を求めることにより，その地点の標高を求める測量である．

4.2 水準測量に関する用語

① **水準面**（level surface）：各地点における，重力の方向に垂直な面が連続してできる曲面である．水準面は地球全体として見てみると，球面に近い形になる．平均海面や湖面などは水準面の一つである．
② **水平面**（horizontal plane）：その地点での重力の方向に垂直な平面であり，その点における水準面と一致する．
③ **基準面**（datum plane）：測量地域が狭いときは，水準面も水平面も同じとして扱ってよいが，地域が広くなると一つの水準面を基準にしなければならない，これを基準面という．わが国では，東京湾の平均海面（1.3.3 項参照）を基準面としている．
④ **平均海面**（mean sealevel），**ジオイド**（geoid）：1.3.1 項参照．
⑤ **標高**（elevation）：1.3.2 項参照．
⑥ **日本水準原点**（Japanese standard datum of leveling），**水準点**（bench mark）：日本水準原点（1.3.3 項参照）から出発して全国の国道および主要道路沿いに，国土地理院により 1〜2 km ごとに設置した高さの基準点を水準点と呼んでいる．

4.3 水準測量の分類

4.3.1 測量方法による分類

① **直接水準測量**（direct leveling）：レベルと標尺を用いて，2 点に立てた標尺の読みの差より，直接 2 点間の高低差を求める測量の方法である．
② **間接水準測量**（indirect leveling）：標尺を直接読み取って高低差を求めるのではなく，傾斜角や斜距離などを読み取り，計算により高低差を求める測量の方法であり，次のような種々の方法がある．
　　● 2 点間の傾斜角と水平距離または斜距離を測定し，三角法により計算して求める方法．

表 4.1　基本水準測量の区分とその内容

区分 \ 種別	一等水準測量	二等水準測量
目　的	最も精度のよい標高成果をもつ．骨格水準路線を設定し，各種測量および調査の標高基準を与える．	一等水準路線間を連結する精密水準路線を設定し，三等水準測量その他の測量の基準を与え，地盤変動調査の資料とする．
地　域	全国主要国道または地方道（1km ごと）	国道および主要府県道（1km ごと）
永久標識	主要国道上に 1km ごとの地点標に一等水準点金属標を併設する．基準水準点は，一等水準路線中で 50〜100km 付近の地盤の強固な地点に置く．またこれと平行して約 20km に 1 点ずつ道路敷地外に準基準水準点（一等水準点標石）を埋設する．	1km に 1 点，地点標に併設する．地点標のない道路には，原則として二等水準点金属標を埋設する．
路線長	環長約 600km 以内	路線長約 200km 以内
永久標識の番号	道路番号の 3 桁と粁程 3 桁	一等水準点に準ずる．
観測精度	往復差制限　　　　　　 $2.5\,\mathrm{mm}\sqrt{S}$ 環閉合制限　　　　　　 $2.0\,\mathrm{mm}\sqrt{S}$ 既知成果と移転改埋または検測値との差　　　　　　　　　 $6.0\,\mathrm{mm}\sqrt{S}$	往復差制限　　　　　　 $5.0\,\mathrm{mm}\sqrt{S}$ 環閉合制限　　　　　　 $5.0\,\mathrm{mm}\sqrt{S}$ 既知成果と検測値との差 $8.0\,\mathrm{mm}\sqrt{S}$
レベル	測微装置付 水準器感度（合致式）10″/2mm 以上 対物鏡直径　45mm 以上	測微装置なし 水準器感度　合致式 20″/2mm 以上 　　　　　　直視式 10″/2mm 以上 対物鏡直径　38mm 以上 自動レベル最短視準距離で標尺読定誤差 ±0.4mm 以内，10m 以上視準距離で整準誤差 ±0.7mm 以内で対物鏡の直径 38mm 以上の性能をもつもの．
標　尺	インバール製両側目盛 10mm または 5mm	インバール製両側目盛または両側示数精密水準標尺 10mm または 5mm
視準距離	60m 以内	70m 以内
平均計算	毎年度の観測は 2 個以上の験潮場に取り付け，その平均流面および前年度との接合部を与伴として平均する．全国を一通り観測し終わったときは全国同時平均をして各験潮場の平均海面高を決定する．	一等水準成果に基づいて平均する．ただし，一等水準と二等水準を同時平均を行う場合はそれぞれ重量を付けて行うことができる．
読定（最小値）	0.1mm	1mm
最終成果(最小値)	0.1mm	1mm

[国土交通省「作業規定の準則」平成 25 年 3 月 29 日一部改正より]

三等水準測量	測標水準測量	簡易水準測量
一，二等水準路線をもととして，水準路線を設定し，三角点，多角点の標高を決定し，地図，土木各種工事に必要な測量の基準を与える．	一，二，三等水準点をもととして，三角点，多角点の標高を定める．	一，二，三等水準点をもととして，低い精度の標高を定める．
国道または地方道（2 km ごと）		
2 km に 1 点，三等水準点金属標または標石を埋設する．その他，ほかの基準点を兼用する．	ほかの基準点を兼用する．	きわめて簡易な標識を設ける．
路線長 50 km 以内		
全国一連番号		
往復差制限　　　　　　$7.5\,\text{mm}\sqrt{2S}$ 既知点からほかの既知点間閉合差 　　　　　　　　　　$10\,\text{mm}\sqrt{S}$ 既知点間の検測値と既知成果との差 　　　　　　　　　　$20\,\text{mm}\sqrt{S}$ 固定点間往復観測差制限　　10 mm	往復差制限　$15\,\text{mm}\sqrt{2S}$	
測微装置なし 　　　　　合致式 40″/2 mm 以上 　　　　　直視式 20″/2 mm 以上 対物鏡直径 25 mm 以上		
木製片目盛または両側目盛 10 mm ぬりつぶし		
50～60 m		
二等水準網を組成した場合は，必要に応じて一，二等水準網に準じて，その平均計算を行う．		
1 mm	1 mm	1 mm（1 cm）
1 mm	1 mm	1 mm（1 cm）

表 4.2 公共測量の区分とその内容

区分	種別	一級水準測量	二級水準測量
目的		河川の測量や地盤変動調査などで，とくに精度を要する場合に適用する．二級水準測量その他の測量の基準となる．	平坦地にある市街地，河川の測量または地盤変動調査で三級水準測量以下では，精度的にその目的が得られない場合に適用する．三級水準測量その他の測量の基準となる．
既知点間の路線長		150 km 以下	150 km 以下
観測精度	往復観測値の較差	$2.5\,\mathrm{mm}\sqrt{S}$	$5\,\mathrm{mm}\sqrt{S}$
	環閉合差	$2\,\mathrm{mm}\sqrt{S}$	$5\,\mathrm{mm}\sqrt{S}$
	既知点から既知点までの閉合差	$3\,\mathrm{mm}\sqrt{S}$	$6\,\mathrm{mm}\sqrt{S}$
レベル		1級レベル 水準器感度 （気泡合致装置付） $10''/2\,\mathrm{mm}$ 平行平面ガラス・マイクロメーターなどを有し，0.1 mm（目測 0.01 mm）まで読定できるもの．	2級レベル 水準器感度 （気泡合致装置付） $20''/2\,\mathrm{mm}$ 平行平面ガラス・マイクロメーターを付属品として有し，0.5 mm（目測 0.1 mm）まで読定できるもの．
標尺		1級標尺 目盛精度 標尺改正数 100 μ/m 以下 各 1 m 区間の較差 50 μ/m 以下 目盛はインバールテープ，目盛は両側目盛とし，外枠の伸縮がインバールテープの長さに影響を与えない構造とする．	左に同じ
視準距離		最大 50 m	最大 60 m
読定単位		0.1 mm	1 mm
観測回数		4 視準　4 読定	4 視準　4 読定
往復回数		1 往復	1 往復
使用与点		一等水準点	二等水準点以上

[国土交通省「作業規定の準則」平成 25 年 3 月 29 日一部改正より]

三級水準測量	四級水準測量	簡易水準測量
道路・河川などの各種工事に必要な測量の基準や，その縦横断測量，図化のための簡易水準測量の基準となる．	山地で三級水準測量を実施することが困難な場合に適用する．	とくに精度を要しない水準測量で，図化のための標高点の測定とか，等高線の精度を高める場合に適用する．
50 km 以下	50 km 以下	50 km 以下
$10\,\text{mm}\sqrt{S}$	$20\,\text{mm}\sqrt{S}$	$40\,\text{mm}\sqrt{S}$
$10\,\text{mm}\sqrt{S}$	$20\,\text{mm}\sqrt{S}$	$40\,\text{mm}\sqrt{S}$
$12\,\text{mm}\sqrt{S}$	$25\,\text{mm}\sqrt{S}$	$50\,\text{mm}\sqrt{S}$
3 級レベル 水準器感度 $40''/2\,\text{mm}$ 目測 1 mm まで読定できるもの．	左に同じ	左に同じ
2 級標尺 目盛精度 標尺改正数 $200\,\mu/\text{m}$ 以下 各 1 m 区間の較差 $100\,\mu/\text{m}$ 以下目盛はインバールテープまたは精密木製とする．折りたたみ標尺の場合は，折りたたみ面が正確，かつ安定した構造であること．	左に同じ	箱尺 計量法の定めによる． 引き伸ばしたときの目盛の接合が正確，かつ安定した構造であること．
最大 70 m	最大 70 m	最大 80 m
1 mm	1 mm	1 mm
1 視準　1 読定	1 視準　1 読定	1 視準　1 読定
1 往復	1 往復	片道とし，往復をさまたげない
三等水準点以上	補助水準点以上	補助水準点以上

- スタジア線に挟まれる標尺の読みと傾斜角を測定し，計算して求める方法．
- 空中写真の実体視により，2点間の視差差を測定し，計算して求める方法．
- 2点間の気圧差を測定し，計算して求める方法．
- GPS測量により，計算して求める方法．

4.3.2 目的による分類

① **高低差水準測量**（differential leveling）：2点間の高低差を求める水準測量である．
② **縦断面測量**（profile leveling）：鉄道，道路，河川などに沿った測量であり，中心線や距離標などを結んだ線に沿って各測点の高低差を測定し，その線に沿った断面形すなわち縦断面図の作製を目的とした水準測量である．
③ **横断面測量**（cross leveling）：縦断面測量における一定の線上の測点で，その線に直角に地表の高低差を測定し，横断面図の作製を目的とした水準測量である．縦断面測量，横断面測量を総称して線水準測量（section leveling）とも呼ばれている．
④ **面水準測量**（area leveling）：区域内の各地点の高低差を測量し，土量計算などを目的とした測量である．
⑤ **交互水準測量**（reciprocal leveling）：河川，渓谷などの障害物があり，直接水準測量で結ぶことができない場合に，水準路線を連結することを目的とした，両岸から交互に行う水準測量である．

4.3.3 基本水準測量による分類

国土交通省「作業規程の準則」において，水準測量は，その目的，必要精度により表4.1のように分類される．

4.3.4 公共測量による分類

国土交通省「作業規程の準則」で決められている公共測量は，目的，必要精度により表4.2のように分類される．

土木測量は，一般に三級水準測量に該当する精度を要求されることが多い．

4.4 水準測量に必要な器械・器具

4.4.1 レベル

レベル（水準儀：level）は，一定の視準線を得るための望遠鏡，水準器および視準線を水平に保つ装置からなり，鉛直に立てた標尺の目盛を正確に読み取る光学器械である．レベルは，簡単なハンドレベルから精密レベルまで多くの種類のレベルがある．以下，おもなレベルについて説明する．

(1) ハンドレベル

ハンドレベル（hand level）は，図 4.1 に示すような手持ちで水平を見る器械である．きわめて簡単な器械であり，取扱いが便利であるので踏査や予備測量などに利用される．

全長：130 mm

図 4.1　ハンドレベル

長さ 12～15 cm の円筒形または角筒形でその上部に小さな気泡管が取り付けられている．筒内の右（左）半分に視準線と 45° の傾きをした反射鏡（またはプリズム）があり，反射鏡の中央を通るような横線が一本描いてある．これを手に持ち，筒内の左（右）半分を通して直接前方の標尺を視準すると同時に，右（左）半分の反射鏡により気泡管の気泡の位置を見る．気泡がちょうど横線によって 2 等分される位置が視準線が水平となる位置であるから，横線と一致した標尺を読み取れば，観測者の目と同じ高さになる．

(2) 高度付きハンドレベル

高度付きハンドレベル（clinometer hand level）は，図 4.2 に示すようにハンドレベルに鉛直目盛盤とバーニヤが付いており，傾斜角も測定できる構造になっている．傾斜角を測定するには，まず目標を視準し，気泡管の気泡を鉛直目盛盤とともに回転させ，気泡が 2 等分されるようにする．このときの鉛直目盛盤の読みが傾斜角となる．また，鉛直目盛盤を 0° にしておけば，ハンドレベルとして用いることができる．

図 4.2　高度付きハンドレベル

(3) チルチングレベル

チルチングレベル（微動レベル：tilting level）は，図 4.3 に示すような望遠鏡およびこれに付属している水準器を鉛直軸に関係なく微動させることのできる構造のレベルである．整準ねじで円形水準器の気泡が中央にくるようにし，鉛直軸をほぼ鉛直に

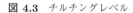

図 4.3 チルチングレベル　　　　　図 4.4 気泡像合致式

したのち，微動ねじにより視準線を正確に水平にすることができる．ハンドレベルと比べて能率がよく正確な結果が得られ，さらに操作が簡単である．

　チルチングレベルでは，プリズムを通して見た気泡像が合致しているかどうかによって，気泡管の気泡が正しく中央にあるかどうかを判断する気泡像合致式（図4.4）を採用している．気泡像合致式では，気泡が移動すれば像のずれは2倍になって現れ，合致しているかどうかの判断は非常に正確にできる．また，望遠鏡を視準している位置で観測できるので作業が容易になる．実際の観測においては，整準ねじによりレベルをほぼ水平にしたのち，望遠鏡で標尺を見ながら微動ねじにより視準線の傾きを微動させ，気泡が正しく合致したときの標尺を読み取るようにする．

(4) オートレベル

　オートレベル（自動レベル：automatic level）は，図4.5に示すような円形水準器の気泡を整準ねじでほぼ中央に導いて鉛直軸がほぼ鉛直になるように据え付ければ，自動的に視準線が水平になるように設計されているレベルである．オートレベルは，チルチングレベルより測量の作業が非常に能率的であるため，現在では使用の主流となっている．

　オートレベルは，自動的に視準線を水平にする視準線自動修正装置（compensator）とその揺れ止めである振動減衰装置（damper）を備えている．この視準線自動修正装

図 4.5 オートレベル

置の機構は，望遠鏡の中に4本の糸でつり下げられた2個のプリズムにより，望遠鏡の傾きに関係なく対物レンズを通った光はつねに視準線自動修正装置を通って接眼レンズに入るようになっている．また，視準線自動補正装置の振れを速やかに止め，振動によるふらつきを制御するのが振動減衰装置である．

(5) 精密レベル

普通のレベルでは標尺の端数を読むが，図 4.6 に示すような精密レベル（precision level）ではこれをオプチカルマイクロメータ（光学測微装置：optical micrometer）によって精密に読み取る．オプチカルマイクロメータでは，望遠鏡の外側にあるマイクロつまみを回転させることによって，対物レンズの前面に設置してある平行平面ガラス板（平面鏡）が入射光を上下に平行移動させ，標尺の1目盛だけ移動するので，十字線が標尺の目盛線に合致したときのマイクロ目盛を読み取ればよい．一般に，最小読取り値は 0.1 mm であるが，0.01 mm まで読み取れるものもある．

図 4.6 精密レベル

4.4.2 標　尺

標尺（staff, leveling rod）は，水準測量に用いられる目盛を施した棒状の尺で，主として測点に鉛直に立て，レベル望遠鏡の水平視準線の位置を読み取るのに使用される器具であり，スタッフ，ロッド，箱尺とも呼ばれている．

① **自読式標尺**（self-reading staff）：一般に使用されている標尺であり，観測者自身が望遠鏡で視準すると同時に直接目盛を読み取るものである．標尺手はただ鉛直に標尺を立てればよく，時間的には早く，十分な精度を得ることができる．

② **目標板標尺**（target staff）：標尺手が観測者の合図に従って目標板を標尺に沿って上下に移動させながら，望遠鏡の十字線が目標板と一致したときに目標板を固定し，標尺手が目盛を読み取るものである．目標板は赤白に塗り分けられており，バーニヤを付属させるのが一般的である．目標板標尺は精密な水準測量や遠距離を視準す

る場合や，交互水準測量などの目盛を正確に読み取ることができない場合などに利用される．

③ **箱　尺**（extensible staff）：おもに簡易水準測量に用いられる標尺であり，断面が中空長方形で，持ち運びが便利なように中身は2～3段の引抜式になっている．その形から箱尺と呼ばれている．木製，グラスファイバー製，金属製のものがあり，最近では，アルミ製の薄くて軽いアルミスタッフが多く利用されている．最小目盛は5mmで，黒白交互の帯状の幅で表示されており，それ以下の読みは目分量で読み取る．

④ **一級標尺**（first order staff, precision staff）：一級，二級水準測量などの高い精度を要する水準測量に用いる．温度や湿度の影響による目盛の誤差が小さい標尺である．インバール合金を目盛板に用いたインバール標尺（invar staff）を使用する．インバールの熱膨張係数は 9×10^{-7} で，スチールの約1/10であるので目盛精度は±0.01mmである．

⑤ **二級標尺**（second order staff）：三級，四級水準測量に用いる木製標尺であり，中央で二つに折りたためるような構造になっている．全長3mで最小目盛は3mmであり，目盛精度は±0.3mmである．

4.4.3　標尺台

標尺台（foot plate, turning plate）は，地表面が軟弱で標尺の沈下，移動のおそれのある場合に標尺の下に置く鋳鉄製の台である．

4.5　直接水準測量の原理

直接水準測量を行うには，図4.7に示すように，高低差を求めたい点A，Bの中間にレベルを据え付けて視準線を水平にし，点A，Bに鉛直に立てられた標尺の読みをとる．

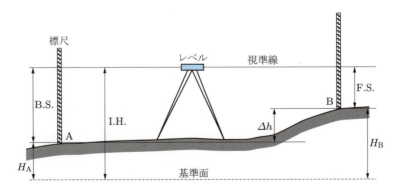

図 4.7　2点間の高低差の測定

いま，標高が既知である点 A に立てた標尺を視準することを後視（back sight）といい，これから標高を求めようとする点 B に立てた標尺を視準することを前視（fore sight）と呼んでいる．後視，前視の標尺の読みを，それぞれ B.S., F.S. とする．点 A, B の高低差 Δh は次式で求められる．

$$\Delta h = \text{B.S.} - \text{F.S.} \tag{4.1}$$

式 (4.1) より，$\Delta h > 0$ すなわち B.S. $>$ F.S. ならば点 B は点 A より高く，$\Delta h < 0$ すなわち B.S. $<$ F.S. ならば点 B は点 A より低いことがわかる．いま，点 A の標高を H_A とすると，点 B の標高 H_B は次式から求められる．

$$H_B = H_A + \Delta h = H_A + (\text{B.S.} - \text{F.S.}) \tag{4.2}$$

また，レベルを据える点を器械点という．器械点におけるレベルの水平な視準線の標高を器械高（instrument height）I.H. といい，次式が成り立つ．

$$\text{I.H.} = H_A + \text{B.S.} \tag{4.3}$$

高低差を求めたい点 A, B が非常に離れていたり，大きな高低差があって直接視準できないときには，レベルを何回も据え変えて高低差を求める必要が生じる．この中つぎ点をもりかえ点（移器点：turning point）といい，もりかえ点での標尺の読みを T.P. とする．T.P. は前視と後視をともにとる．T.P. に誤差があると，以後の測量全体に影響するので，とくに注意を要する．このように，もりかえ点で連絡された路線を水準路線という．また，網状に組み合わされた水準路線の全体を水準網という．図 4.8 において，点 1 および点 2 がもりかえ点である．また，標高を測定するためだけに前視のみをとる点を中間点（intermediate point）といい，中間点での標尺の読みを I.P. とする．

図 4.8 に示すように，AB 間をいくつかの区間に分け，レベルと標尺を順次移動してそれぞれの区間における後視と前視をとり，点 A, B の高低差を求める．図 4.8 の場合，AB 間の高低差 Δh は次式から求めることができる．

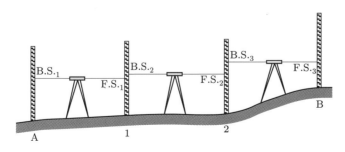

図 4.8 区分に分割した高低差の測定

$$\Delta h = (\text{B.S.}_1 - \text{F.S.}_1) + (\text{B.S.}_2 - \text{F.S.}_2) + (\text{B.S.}_3 - \text{F.S.}_3)$$
$$= (\text{B.S.}_1 + \text{B.S.}_2 + \text{B.S.}_3) - (\text{F.S.}_1 + \text{F.S.}_2 + \text{F.S.}_3)$$
$$= \sum \text{B.S.} - \sum \text{F.S.} \tag{4.4}$$

したがって，点 A の標高を H_A とすると，点 B の標高 H_B は次式から求められる．
$$H_B = H_A + \sum \text{B.S.} - \sum \text{F.S.} \tag{4.5}$$

4.6 野帳の記入方法

4.6.1 昇降式

昇降式（rise and fall system）は，図 4.9 に示すようにもりかえを繰り返して行う中間点のない場合に適している．計算方法は，各点ごとに B.S. と F.S. の差を求めていく方法であり，道路や河川のように測量延長が長く，出発点と終着点の高低差を求める場合などに用いられる．

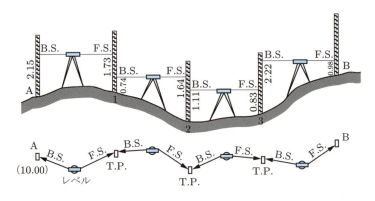

図 4.9 昇降式観測例

表 4.3 に示すように，B.S. から F.S. を引いた値が高低差となるから，その値が正ならば昇（＋），負ならば降（－）の欄にそれぞれ記入し，一つ前の測点の地盤高に昇，降の値を代数的に加えてその地点の地盤高を求める方法である．ここで，地盤高とは標尺を立てた地点（地表面）の標高のことで，G.H. で表す．最後に B.S.，F.S.，昇，降のそれぞれの総和を計算し，
$$\sum \text{B.S.} - \sum \text{F.S.} = \sum (昇) - \sum (降)$$
の条件を満足しているかどうかで，計算結果を検算できる．なお，最後の測点はもりかえ点とする．

表 4.3 昇降式野帳記入例

測 点	距 離	B.S.	F.S.	昇 (+)	降 (−)	G.H.	備 考
A		2.15				10.00	
1	65	0.74	1.73	0.42		10.42	
2	62	1.11	1.64		0.90	9.52	
3	66	2.22	0.83	0.28		9.80	
B	63		0.98	1.24		11.04	
計	256	6.22	5.18	1.94	0.90		
		+1.04		+1.04			

検算 $6.22 - 5.18 = 1.94 - 0.90$

4.6.2 器高式

器高式（instrument height system）は図 4.10 に示すように，式 (4.3) で表示している器械高を基準にして計算していく方法である．おもに断面変化の多い地形などで，中間点のある場合に適している．

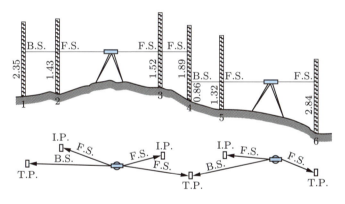

図 4.10 器高式観測例

表 4.4 に示すように，後視した点の G.H. に B.S. を加えると I.H. となり，これから F.S.（もりかえ点または中間点）を引くと前視した点の G.H. が得られる．最後に，

$$\sum \text{B.S.} - \sum \text{F.S.} = 測点 6 の G.H. - 測点 1 の G.H.$$

の条件を満足しているかどうかで，計算結果を検算できる．

表 4.4　器高式野帳記入例

測点	距離	B.S.	I.H.	F.S. T.P.	F.S. I.P.	G.H.	備考
1		2.35	12.35			10.00	
2					1.43	10.92	
3					1.52	10.83	
4	84	0.86	11.32	1.89		10.46	
5					1.32	10.00	
6	63			2.84		8.48	
	147	3.21		4.73			

検算 $3.21 - 4.73 = 8.48 - 10.00$

4.7　直接水準測量の作業方法

既知点 B.M.$_1$ から出発し，離れた地点に水準点 B.M.$_2$ を設けるときの作業方法は次のようになる．

① レベルと標尺の調整，検査をする．
- 観測手は，レベルの望遠鏡の視差がないように，レベルの接眼レンズつまみを回して観測手の視力に合わせ，十字線が明瞭に見えるようにしておく．このような操作を視度を合わせるという．
- 標尺手は，温度や湿度の影響のために標尺目盛が伸縮してないか，継ぎ目が正しい長さになっているか，あそびがないかなどについて鋼巻尺で点検する．また，底部に異物が付着したり，摩耗したりしていないかも点検する．

② B.M.$_1$ と B.M.$_2$ を結ぶ水準路線を踏査し，なるべく極端な高低差が1箇所で生じないような路線を選定する．

③ 標尺手は B.M.$_1$ に直接標尺を立てる．

④ 観測手は，歩測あるいは目測により，B.M.$_1$ から 50～60 m 離れた堅固な地点にレベルを据える．
- まず，三脚の1本を地面に固定し，ほかの2本の脚を両手で調整移動し，おおよそ水平にして地中にしっかり踏み込む．
- レベルの気泡管を，図 4.11 のように整準ねじと平行に置いて同量ずつ反対方向にねじを回転させると，気泡は左手親指の進む方向に移動する．次に，上のねじだけを回して縦の気泡を中央に導く．これを左手親指の法則（left thumb rule）という．

⑤ レベルが水平となったら，B.M.$_1$ の標尺を視準して焦点を合わせ，後視をとる．このときの目盛を 1 mm まで目測で読み取り，記帳者に報告する．

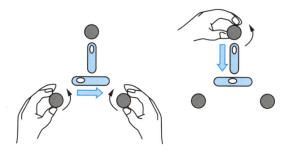

図 4.11　左手親指の法則

⑥ 記帳者は，その数値を復唱しながら記帳する．
⑦ もう一人の標尺手は，レベルから 50〜60 m 離れた堅固な地点に移器点 1 をとって標尺を立てる．このときは，標尺台を使用することが望ましい．また，前視，後視の視準距離が等しくなるように注意する．
⑧ レベルの望遠鏡を前視に向け，⑤，⑥の作業を行う．
⑨ 第 1 区間の往路の測定はこれで完了である．再び，移器点 1 から 50〜60 m 離れた地点にレベルを移動し，第 1 区間と同様に各区間の測定を行って B.M.$_2$ に達すると測定は完了する．
⑩ B.M.$_2$ を後視として復路の各区間の測定を行う．

[作業における注意事項]
● 水準路線が長い距離の場合は，約 10 点ごとに固定点を設けるとよい．
● 前視，後視の視準距離を等しくとる．
● 標尺のあまり上部や下部を読まないように工夫する．
● レベルの据付け回数は偶数回で最終測点に至るように工夫する．
● 標尺を鉛直に立てるために，適宜ウエービング（waving）を行う．標尺目盛の読取り値が最小のとき，標尺は鉛直である．

4.8　直接水準測量の誤差

直接水準測量の誤差には次のようなものがある．

4.8.1　器械的誤差

① 視準軸誤差：視準軸が気泡管軸と平行でないために生じる誤差であり，直接水準測量の誤差のうち最も大きい影響を与える．誤差の消去法としては，観測にあたり，つねに前視と後視の視準距離が等しくなるように心がけることである．
② 標尺の零点誤差：標尺の底部が摩耗して，正しい零線を示さないために生じる誤差である．誤差の消去法としては，レベルの据付け回数を偶数回とすればよい．

③ **標尺の目盛誤差**：標尺目盛の不正による誤差である．誤差の消去法は，鋼巻尺などと比較して補正すればよい．

4.8.2 人為的誤差

① **視差**：対物レンズと接眼レンズの焦点面が合ってないために生じる誤差である．誤差の消去法はまず接眼レンズで十字線がはっきり見えるようにしてから対物レンズで焦準すればよい．
② **標尺の傾きによる誤差**：標尺を傾けた状態で目盛を読み取ったために生じる誤差である．誤差の消去法は，目盛を読み取る際に標尺を前後に静かに振り（ウエービング），目盛の最小値を読みの値とすればよい．
③ **標尺の継ぎ目の不正による誤差**：標尺を完全に引き伸ばしていないか，止め金具が不良のために生じる誤差である．誤差の消去法は，引伸ばし止め金具の音と目盛を確認するか，点検後，不十分な標尺は用いないようにすればよい．
④ **標尺の沈下による誤差**：移器点などの地盤沈下による誤差である．誤差の消去法は，標尺台を用いて堅固な地点を選べばよい．

4.8.3 自然現象による誤差

(1) 球　差

地球の表面は曲率をもつ球面である．いま，図 4.12 において，2 点 AB 間の距離を測定しようとするとき，点 A と点 B の距離が長くなればなるほど，点 A と点 B を結ぶ測線は円弧とみなすことができる．しかし，点 A における望遠鏡の視準線は，水平に見通すため，AB′ 方向となる．したがって，点 B に立てた標尺を読み取ると，点 B の標高は BB′ だけ低いことになる．この BB′ は地球が球面であるための誤差であり，球差（height correction for curvature）と呼ばれる．このときの球差の補正式は次式

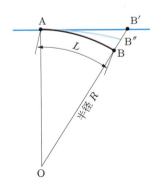

図 4.12　球差，気差，両差

で与えられる．

$$BB' = \frac{L^2}{2R} \tag{4.6}$$

したがって，球差は視準距離の 2 乗に比例する．

(2) 気　差

大気の密度は，地表面に近いほど密度が高くなり，望遠鏡を通過する光線は，直進しないで下方に屈折し，図 4.12 に示すような AB″ の曲線を描く．このように，水平な視準線の読みに比べ，つねに過小な誤差が出現する．このときの誤差を気差（height correction for refraction）という．このときの気差の補正式は次式で与えられる．

$$B'B'' = \frac{kL^2}{2R} \tag{4.7}$$

ただし，k は屈折率で 0.12〜0.14 が用いられる．

(3) 両　差

観測時においては，同時に球差と気差が生じる．したがって，球差と気差の誤差を同時に考え合わせた誤差のことを両差（height correction for refraction and curvature）という．このときの両差の補正式は次式で与えられる．

$$BB' - B'B'' = (1-k)\frac{L^2}{2R} \tag{4.8}$$

したがって，標尺の読みは両差 BB″ だけ過大に読み取り，それだけ点 B の標高は低いと判断される．いま，$k = 0.13$, $R = 6370\,\text{km}$, $L = 100\,\text{m}$ とおけば両差は 0.68 mm となり，視準距離 100 m に対する誤差は無視しても問題ないことになる．表 4.5 に各視準距離に対する両差を示す．なお，器械点を前視と後視の視準距離が等しくなるような位置に選ぶと，同量の両差が前視と後視に含まれることになり，相殺されて結果に何も影響を与えない．このように，前視と後視の視準距離を等しくすることが大切である．

表 4.5　視準距離と両差

視準距離 [km]	両　差
0.1	0.683 mm
0.5	1.707 cm
1.0	6.829 cm
2.0	0.273 m
3.0	0.615 m
5.0	1.707 m
10.0	6.829 m

例題 4.1 次の文は，精密水準測量について述べたものである．正しいものを選べ．

(1) レベルと前視標尺，後視標尺の間の距離をそれぞれ等しくすると，視準軸誤差と球差が消去される．
(2) 観測の精度を上げるためには，レベルと標尺の間の距離をできるだけ長くして，レベルの設置回数を減らす．
(3) 目盛が正確に刻まれていれば，標尺の下部目盛 20 cm 以下の部分を読定してもよい．
(4) 標尺定数の補正は，気温と観測距離によって行う．
(5) 標尺がレベル側に傾いていると読定値が大きくなり，標尺がレベルの反対側に傾いていると読定値は小さくなる． ［測量士補］

解

(1) 前視，後視の視準距離を等しくして測量すれば，次の誤差が消去されると考えてよい．
- 望遠鏡の気泡管軸と視準軸は平行でなければならない．しかし，レベルを長く使っているとねじの緩みなどで，この関係がくずれてくることがある．このために生じる誤差（視準軸誤差）
- 地球表面の曲率による誤差（球差）
- 空気の層の密度の変化による誤差（気差）

(2) レベルの望遠鏡の性能にもよるが，一般に視準距離は 40～60 m である．レベルの設置回数を減らすのはよいが，視準距離を必要以上に長くすることは観測精度を上げることにはならない．
(3) 標尺の下部目盛の視準は，陽炎（直射日光で熱くなった地球表面で空気が熱せられ，不規則な流れで上昇するため，そこを通過する光が不規則に屈折する）などの影響で目盛が正しく読みとれないことが多いため，避けるべきである．
(4) 標尺定数の補正は，観測中の測定温度と観測高低差（観測距離ではない）に比例して行う．
(5) 標尺はどちら側に傾いても，傾斜角が等しければ読定値（読取り値）は同じである．

答　(1)

4.9 直接水準測量の誤差調整

直接水準測量の往復観測差や閉合誤差が許容誤差の範囲内にある場合は，次に示す方法で誤差の調整をし，標高を決定しなければならない．

4.9.1 未知点 2 点間を往復測量した場合

各点における往路と復路の観測値の平均値，または観測値の較差の平均を加減した値を標高とする．

例題 4.2 測点 AB 間の標高を測定した結果は表 4.6 のようであった．測定結果は許容誤差以内であるとして各観測値を調整せよ．

表 4.6 各測点の標高

測 点	距離 [km]	観測値 [m]	
		往　路	復　路
A		0.000	14.011
1	0.5	3.281	10.712
2	0.7	8.321	5.678
3	0.4	9.982	4.013
B	0.5	14.001	0.000

解

各測点の復路の測定標高の計算より，次のようになる．

$$
\begin{array}{llll}
A & 14.001 - 14.001 = 0.000 \text{ m} & 1 & 14.001 - 10.712 = 3.289 \text{ m} \\
2 & 14.001 - 5.678 = 8.323 \text{ m} & 3 & 14.001 - 4.013 = 9.988 \text{ m} \\
B & 14.001 - 0 = 14.001 \text{ m} & &
\end{array}
$$

【別解】往復の高低差より各測点の標高を求めると，次のようになる．

$$
\begin{array}{ll}
A \quad 0.000 \text{ m} & 1 \quad 0.000 + \dfrac{3.281 + 3.289}{2} = 3.285 \text{ m} \\
2 \quad 3.285 + \dfrac{5.040 + 5.034}{2} = 8.322 \text{ m} & 3 \quad 8.322 + \dfrac{1.661 + 1.665}{2} = 9.985 \text{ m} \\
B \quad 9.985 + \dfrac{4.029 + 4.013}{2} = 14.006 \text{ m} &
\end{array}
$$

表 4.7

測 点	距離 [km]	観測値 [m]		調整観測値
		往　路	復　路	
A		0.000	0.000	0.000
1	0.5	3.281	3.289	3.285
2	0.7	8.321	8.323	8.322
3	0.4	9.982	9.988	9.985
B	0.5	14.011	14.001	14.006

答

4.9.2 既知点 2 点間を往復測量した場合

誤差は距離の平方根に比例するので，測定値の重みは，その 2 乗すなわち距離に反比例する．したがって，測定値から求められた高低差に対する調整量は，それぞれの測定区間長に比例して配分すればよい．

例題 4.3 例題 4.2 において測点 A，B の標高を，それぞれ $H_A = 32.531 \text{ m}$，$H_B = 46.541 \text{ m}$ とする．このときの各点の標高を求めよ．

解

H_B における観測誤差は，

$$46.537 - 46.541 = -0.004 \text{ m}$$

である．したがって，各点の調整量は次のようになる．

$$1 \quad 4\,\text{mm} \times \frac{0.5}{2.1} \fallingdotseq +1\,\text{mm} \qquad 2 \quad 4\,\text{mm} \times \frac{1.2}{2.1} \fallingdotseq +2\,\text{mm}$$

$$3 \quad 4\,\text{mm} \times \frac{1.6}{2.1} \fallingdotseq +3\,\text{mm} \qquad B \quad 4\,\text{mm} \times \frac{2.1}{2.1} \fallingdotseq +4\,\text{mm}$$

表 4.8

測 点	距離 [km]	点Aからの距離 [km]	観測値 [m] 往 路	観測値 [m] 復 路	観測値 [m] 平 均	測定標高 [m]	調整量 [mm]	調整標高 [m]
A			0.000	0.000	0.000	32.531	0	32.531
1	0.5	0.5	3.281	3.289	3.285	35.816	+1	35.817
2	0.7	1.2	8.321	8.323	8.322	40.853	+2	40.855
3	0.4	1.6	9.982	9.988	9.985	42.516	+3	42.519
B	0.5	2.1	14.011	14.001	14.006	46.537	+4	46.541

答

4.9.3 水準環測量の場合

点Aから出発して点Aに戻る路線による場合，あるいは既知点から観測を開始して既知点に閉合した場合は，その標高の観測値は既知の標高に等しくなると考えて，4.9.2項と同様に扱うことができる．

例題 4.4 図 4.13 のように，水準点A（$H_A = 32.531$ m）から出発して 2.1 km の水準測量を行い，表 4.9 の観測標高を得た．各点の正しい標高を求めよ．

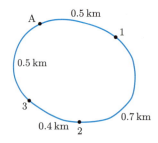

図 4.13

表 4.9

測 点	距離 [km]	点Aからの距離 [km]	観測値 [m]
A			32.531
1	0.5	0.5	41.334
2	0.7	1.2	45.876
3	0.4	1.6	38.547
A	0.5	2.1	32.546

解

H_A における観測誤差は，

$$32.546 - 32.531 = 0.015 \text{ m}$$

である．したがって，各点の調整量は次のようになる．

$$1 \quad -15 \text{ mm} \times \frac{0.5}{2.1} \fallingdotseq -4 \text{ mm} \qquad 2 \quad -15 \text{ mm} \times \frac{1.2}{2.1} \fallingdotseq -9 \text{ mm}$$

$$3 \quad -15 \text{ mm} \times \frac{1.6}{2.1} \fallingdotseq -11 \text{ mm} \qquad \text{A} \quad -15 \text{ mm} \times \frac{2.1}{2.1} \fallingdotseq -15 \text{ mm}$$

表 4.10

測点	距離 [km]	点Aからの距離 [km]	観測値 [m]	調整値 [mm]	調整標高 [m]
A			32.531	0	32.531
1	0.5	0.5	41.334	−4	41.330
2	0.7	1.2	45.876	−9	45.867
3	0.4	1.6	38.547	−11	38.536
A	0.5	2.1	32.546	−15	32.531

答

4.9.4 1点の標高を複数の既知点から求める場合

それぞれの既知点より求めた測定値から標高を計算する．このとき，重みを考えた平均の標高とし，測定値の重みは，測定距離の逆数に比例する．

例題 4.5 図 4.14 のような三つの水準点 A〜C を既知点として水準測量を行い，表 4.11 のような結果を得た．測点 Q の標高の最確値を求めよ．

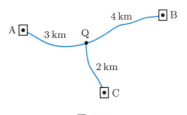

表 4.11

水準点	距離 [km]	標高 [m]	高低差 [m]
A	3	20.361	+12.169
B	4	35.892	− 3.366
C	2	14.584	+17.950

図 4.14

解

点 A から計算した点 Q の標高 $= 20.361 + 12.169 = 32.530$ m
点 B から計算した点 Q の標高 $= 35.892 - 3.366 = 32.526$ m
点 C から計算した点 Q の標高 $= 14.584 + 17.950 = 32.534$ m

点 A，B，C の重みは，距離の逆数に比例するので，それぞれ P_A，P_B，P_C とすると，

$$P_A : P_B : P_C = \frac{1}{3} : \frac{1}{4} : \frac{1}{2} = 4 : 3 : 6$$

となり，結果をまとめてみると表 4.12 のようになる．

表 4.12

水準点	距離 [km]	標高 [m]	高低差 [m]	点 Q の標高 [m]
A	3	20.361	+12.169	32.530
B	4	35.892	− 3.366	32.526
C	2	14.584	+17.950	32.534

重みを用いて点 Q の最確値 H_Q を計算すると，次式となる．

$$H_Q = 32.500 + \left(\frac{4 \times 0.030 + 3 \times 0.026 + 6 \times 0.034}{4 + 3 + 6}\right) \fallingdotseq 32.531 \text{ m}$$

答　32.531 m

4.9.5　一つの既知点より複数の経路で 1 点の標高を求める場合

各路線ごとに観測した標高を 4.9.4 項と同様に扱い，重み付き平均により求める．

例題 4.6　図 4.15 のように，水準点 A より経路 1～3 を通って水準測量をして表 4.13 のような結果を得た．測点 B の標高の最確値を求めよ．

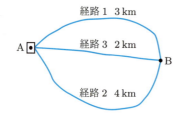

図 4.15

表 4.13

経路	距離 [km]	点 B の標高 [m]
1	3	32.530
2	4	32.526
3	2	32.534

解

例題 4.5 と同様に，各観測値に対する重みを求める．それぞれ P_1～P_3 とすると，

$$P_1 : P_2 : P_3 = 4 : 3 : 6$$

である．したがって，測点 B の標高の最確値 H_B を計算すると，次式となる．

$$H_B = 32.500 + \left(\frac{4 \times 0.030 + 3 \times 0.026 + 6 \times 0.034}{4 + 3 + 6}\right) \fallingdotseq 32.531 \text{ m}$$

答　32.531 m

4.10　交互水準測量

河川や谷を横断して水準測量を行う場合は，中央に器械点を設けることができないので，前視，後視の視準距離が極端に不均衡となり，大きな観測誤差を生じる．こ

のような場合には，図 4.16 のように，両岸に器械点 C, D を CA = DB（約 5 m），CB = DA になるように選ぶ．このとき形成される四角形 ACBD は平行四辺形となるようにする．

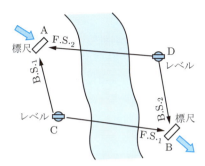

図 4.16 交互水準測量

いま，点 A から約 5 m の位置にある点 C にレベルを据え，点 A への後視をとって B.S.$_1$，対岸の点 B への前視をとって F.S.$_1$ を得る．このとき，前視の測定回数は所定回数だけ繰り返す．最後に再び点 A を後視する．これで往観測が終了である．次に，レベルを対岸の点 D へ移して復観測を行う．点 D において観測した後視および前視をとって，それぞれ B.S.$_2$, F.S.$_2$ を得る．いま，B.S.$_1$ に生じる誤差を e_1 とし，F.S.$_1$ に生じる誤差を e_2 とすると，DA = CB であるから B.S.$_2$ には誤差 e_2 が生じ，DB = CA であるから F.S.$_2$ には誤差 e_1 が生じる．

さて，両岸 AB の高低差 h を点 C での観測値から求めると，

$$h = (\text{B.S.}_1 - e_1) - (\text{F.S.}_1 - e_2) \tag{4.9}$$

となり，点 D での観測値から求めると，

$$h = (\text{B.S.}_2 - e_2) - (\text{F.S.}_2 - e_1) \tag{4.10}$$

となる．式 (4.9) と式 (4.10) を平均すれば，e_1, e_2 が消去され，

$$h = \frac{(\text{B.S.}_1 - \text{F.S.}_1) + (\text{B.S.}_2 - \text{F.S.}_2)}{2} \tag{4.11}$$

で求められる．このようにして求めた値には理論上，視準軸誤差，気差，球差，視差などが同時に消去され，前視と後視の視準距離を等しくした場合と同じ結果が得られる．このような方法を交互水準測量（reciprocal leveling）または渡河水準測量（over-river leveling）という．

演習問題

4.1 次の文は，水準測量の用語について述べたものである．（ ）内に語句または記号を入れよ．

(1) 静止している海面や，これに平行な曲面を（①）といい，その水準面の一点でこれに接する平面をその点における（②）という．

(2) 水準測量において，点の高さを表す基準となる水準面を（③）といい，その面上を±0 と定める．わが国では，（④）湾平均海面を基本水準面としている．基本水準面は，仮定の面であるから，これを実用化するために東京都千代田区永田町に（⑤）がつくられ，その高さは平均海面上 +24.3900 m である．

(3) 基本水準面からある点にいたる鉛直距離を（⑥）といい，水準測量の基準となる点を（⑦）という．

(4) 標高の知られている点，または基準点に立てた標尺の読みを（⑧）という．高さを求めようようとする点に立てた標尺の読みを（⑨）という．

(5) レベルを据え変えるために，前視および後視をともにとる点を（⑩）という．単に，その点の標高を求めるためだけに，標尺を立てて前視だけをとる点を（⑪）という．

(6) 地表面の標高を（⑫）という．

4.2 既知点 A から未知点 B まで水準測量を行い，図 4.17 のような結果を得た．昇降式野帳を用いて各点の地盤高を求めよ．ただし，測点 A の地盤高を 10.000 m とする．

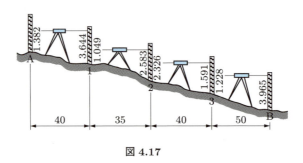

図 4.17

4.3 既知点 A から未知点 B まで水準測量を行い，図 4.18 のような結果を得た．器高式野帳を用いて各点の地盤高を求めよ．ただし，測点 A の地盤高を 10.000 m とする．

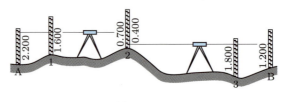

図 4.18

4.4 既知点 A から出発して既知点 A に戻る水準測量を行って表 4.14 の結果を得た．誤差の調整を行い，各点の調整標高を求めよ．ただし，点 A の標高を 20.000 m とする．

表 4.14

測点	距離	B.S.	F.S.	昇	降	標高
A		1.450				20.000
1	60	2.225	1.842		0.392	19.608
2	120	1.786	1.955	0.270		19.878
3	180	2.352	1.527	0.259		20.137
4	260	1.576	1.481	0.871		21.008
A	330		2.579		1.003	20.005

4.5 図 4.16 の交互水準測量において，$l_1 = 1.432\,\mathrm{m}$，$l_2 = 2.461\,\mathrm{m}$，$\mathrm{F.S.}_1 = 0.932\,\mathrm{m}$，$\mathrm{F.S.}_2 = 1.957\,\mathrm{m}$ を得た．測点 AB 間の高低差を求めよ．

第5章

角測量

5.1 角測量とは

角度を測定することを測角（measurement of angle）という．したがって，角測量（angle surveying）とは，測角器械を用いて基準方向から目標点までの角度を求める測量である．

5.2 角

5.2.1 角とは

角度は水平角（horizontal angle）と鉛直角（vertical angle）に分類することができる．いま，図 5.1 に示すように空間の 2 点を P_1，P_2 とし，Z 軸の任意の点を O とするとき，点 O を含む平面すなわち水平面と P_1，P_2 それぞれの鉛直面を考える．P_1，P_2 を水平面に正投影した点をそれぞれ P_1'，P_2' とすると，$\angle P_1'OP_2'$ を P_1 と P_2 の水平角という．また，$\angle P_1OP_2$ は斜角ともいわれる．

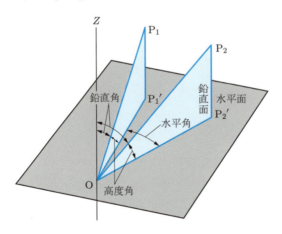

図 5.1 水平角，鉛直角，高度角

また，$\angle P_1OZ$，$\angle P_2OZ$ を P_1 および P_2 の鉛直角（天頂角）という．鉛直角の補角 $\angle P_1OP_1'$ および $\angle P_2OP_2'$ を P_1 および P_2 の高度角（高低角，垂直角）という．高度角は，水平面を基準とし，それより上の方向のときは仰角といって正（＋）の符号を付けて表し，下の方向のときは俯角といって負（－）の符号を付けて表す．

5.2.2 角の単位

角の単位として次の三つがある．

(1) 角度

円周を 360 等分し，その弧に対する中心角を 1 度 [°] と定める．さらに細分化し，60 進法で分 [′]，秒 [″] とする．

$$円周 = 4\,直角 = 360°$$
$$1\,直角 = 90°$$
$$1° = 60',\quad 1' = 60''$$

(2) グラード

円周を 400 等分し，その弧に対する中心角を 1 グラード [g] と定める．

$$1\,直角 = 100\,\text{g},\quad 1\,\text{g} = 100\,\text{c}\,(センチグラード)$$
$$1\,\text{c} = 100\,\text{cc}\,(センチセンチグラード)$$

わが国では，写真測量において主としてこの単位を使用している．

(3) 弧度法

図 5.2 に示すように円の中心を O とし，円弧 $\overset{\frown}{\text{AB}}$ の長さを円の半径 R に等しい長さ $\overset{\frown}{\text{AB}} = R$ となるような弧 $\overset{\frown}{\text{AB}}$ に対する中心角 ∠AOB を 1 ラジアン [rad] とする．この値は，R の大きさには関係なく一定の値となる．したがって，全円周に対する中心角は 2π[rad] となる．すなわち，

$$360° = 2\pi\,\text{rad},\quad 180° = \pi\,\text{rad}$$
$$\therefore\quad 1\,\text{rad} = \frac{180°}{\pi}$$

となる．1 rad を度単位 $\rho°$ で表せば，

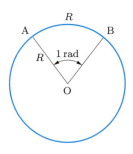

図 5.2 ラジアン

$$\rho° = \frac{180°}{\pi} = 57.295780°$$

$$\rho' = \frac{180 \times 60'}{\pi} = 3437.7468'$$

$$\rho'' = \frac{180 \times 60 \times 60''}{\pi} = 206264.81''$$

となる．これらの値は，度で表示されている角度をラジアンに換算するときに用いられる換算定数として，測量計算ではしばしば使用される．また，$1°$，$1'$，$1''$ をラジアンで表せば，

$$\frac{1}{\rho°} = \frac{\pi}{180°} = 0.01745330\,\text{rad}$$

$$\frac{1}{\rho'} = \frac{\pi}{10800'} = 0.00029089\,\text{rad}$$

$$\frac{1}{\rho''} = \frac{\pi}{648000''} = 0.00000485\,\text{rad}$$

となる．測量計算において，角度に単位がないときはラジアンの単位で表されているとみてよい．

例題 5.1 0.7 rad を度，分，秒で表せ．

解

$$0.7 \times \rho° = 0.7 \times 57.295780° = 40°06'25.4''$$

答　$40°06'25.4''$

例題 5.2 角度 $60°$ をラジアンで表せ．

解

$$60 \times \frac{1}{\rho°} = 60° \times 0.01745330 = 1.047198\,\text{rad}$$

答　$1.047198\,\text{rad}$

例題 5.3 方向が $5''$ 違うときの 4 km 先での位置のずれを求めよ．

解

$$l = 400000 \times 5 \times 0.00000485 = 9.7\,\text{cm}$$

答　9.7 cm

5.3 角測量に必要な器械・器具

5.3.1 トランシット, セオドライト

　トランシット (transit) は転鏡儀とも呼ばれ, 水平角や鉛直角を測定するために水平軸の周りを望遠鏡が自由に回転できる器械であり, とくにアメリカで使用された.

　セオドライト (theodlite) は, 経緯儀と呼ばれ, もともとはトランシットに比べると望遠鏡の倍率は大きいが, 望遠鏡は水平軸の周りを回転せず, とくにヨーロッパで使用された. その後, セオドライトの望遠鏡も水平軸の周りを回転するようになり, 現在ではどちらの望遠鏡でも水平軸の周りを回転できるが, 角度目盛の読取り方式の相違により一応区別されている. トランシットは分度盤を備えたバーニヤを装着しているものをさし, セオドライトは光学的または電子的に角度を読み取る装置を装着しているものをさす.

　トランシットやセオドライトには多くの種類があるが, その一例として図 5.3 にソキア製のトランシットの構造, 図 5.4 に光学セオドライト TM20E の各部の名称, 図 5.5 に電子セオドライト DT5S の各部の名称をそれぞれ示す. 最近では, 取扱いが簡単で誰にでも操作ができる電子セオドライトが主流になりつつある. なお, ソキア「測量と測量機のレポート」には, 電子セオドライトの特徴として以下のように記述されている.

① 目標を視準するだけで, 鉛直角と水平角が同時に表示されるため, 角度を読み取る作業が早く, 読取り誤差が防げる.

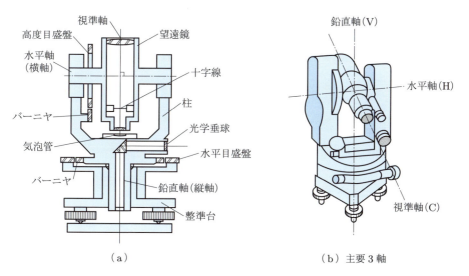

図 5.3　トランシットの構造

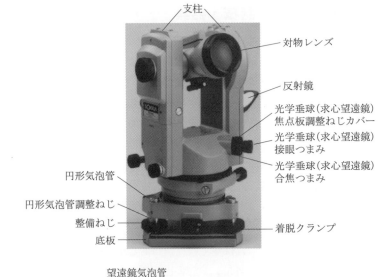
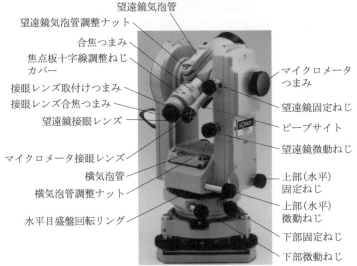

図 5.4 光学セオドライトの名称

② 本体の傾きを検出する2軸傾斜センサと組み合わせることにより，器械の傾きによる鉛直角や水平角の誤差を電子的に補正することが可能である．
③ 角度データを器械本体から直接，コンピュータなどに記録することができ，野帳への記入が不要となり，記帳ミスが防げる．
④ 光波距離計を望遠鏡または柱上部に搭載することにより，トータルステーションとして使用することが可能となる．

5.3 角測量に必要な器械・器具

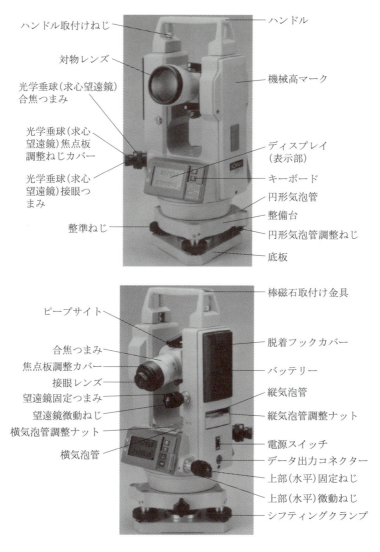

図 5.5 電子セオドライトの名称

⑤ 多彩な測定モードがキー操作で選択できる．
- 水平角0セット：任意の位置で水平角を0°00′00″にできる．
- 水平角ホールド：水平角の表示を固定できる．本体を水平に回転させても表示が変わらない．
- 水平角の右回り／左回りの切換え：本体を右回りに回転して水平角が増加するか，左回りに回転して増加するかの切換えができる．

- 鉛直角表示の切換え：鉛直角／高度角の切換えができる．
- 勾配 [%] の表示：鉛直角表示を勾配 [%] に交換することができる．

5.3.2 基本構造

　トランシット，セオドライトは5.3.1項で述べたように，角度目盛の読取り方式の違いにより内部の構造が変わるものであり，基本的な構造については変わるものではない．いま，図5.3に示すように器械を水平方向に回転させる場合の中心軸である鉛直軸（vertical axis），望遠鏡を支持する水平の軸である水平軸（horizontal axis），対物レンズの中心（光心）を通って水平軸に直交する視準軸（collimation axis）があり，これらを主要3軸と呼んでおり，この3軸は互いに垂直を保つような構造となっている．

(1) 望遠鏡

　望遠鏡（telescope）は，遠く離れた目標物を拡大して観察するためのものである．一般的な機構としては，対物レンズ，接眼レンズおよび十字線からなっており，目標物を対物レンズでとらえ，その実像を焦点板（十字線）に映し，これを接眼レンズで拡大して見えるようにした装置である．

　望遠鏡の合焦方式には，対物レンズを移動させる外部焦準式（外焦式）と，対物レンズは望遠鏡筒に固定して，別に設けた合焦レンズを移動させる内部焦準式（内焦式）がある．外部焦準式では，対物レンズを移動させるために視準線に誤差が生じたり，望遠鏡の重心が変わって不安定になったり，ほこりや湿気が望遠鏡内に入りやすい欠点がある．内部焦準式では，これらの欠点を改良し，鏡筒を短くすることができ，気密性も高いため，現在ではほとんど内部焦準式が使用されている．図5.6に一般的な内部焦準式望遠鏡の構造を示す．

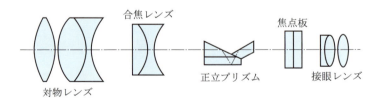

図 5.6　内部焦準式望遠鏡の構造

(2) 焦点板，十字線

　焦点板（focal plate）とは，図5.6に示すように対物レンズを通った光が合焦レンズにより鮮明に像を結ぶガラス板のことである．このガラス板の上に目標物の視準方向を決定するために，図5.7に示すような種々の十字線（cross hairs）が $2 \sim 3\,\mu\mathrm{m}$ の細線で描かれている．十字横線（horizontal hair）と十字縦線（vertical hair）の交点

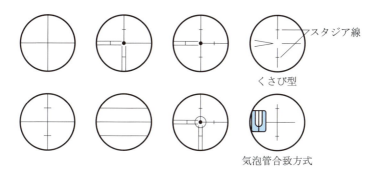

図 5.7　焦点板の種類

と光心を結ぶ直線を視準線といい，望遠鏡の光軸と一致していなければならない．また，十字縦線に上下2本のスタジア線（stadia hair）と呼ばれる横線が等間隔で描かれている．スタジア線を使って，簡単に距離や高低差の測定ができる．

視準に際しては，次の操作を行う．
① 接眼レンズの調節により，つねに十字線が明瞭に見えるようにしておく．
② 合焦ねじで目標物のピントを正しく十字線上に合わせる．
この操作を焦準（focusing）という．もし，視準する目の位置により，像の位置が一定しない場合は，接眼レンズの焦点が十字線の面と一致していないと考え，焦準を繰り返して像が動かなくなるようにしなければならない．このように，視準する目の位置によって像がふらつくことを視差（parallax）という．

(3) 鉛直軸

望遠鏡は鉛直軸の周りを水平方向に回転できるようになっている．鉛直軸には複軸形と単軸形の2種類がある．図5.8に示しているのは複軸形のものであり，内軸と外軸からできている．内軸には，バーニヤと望遠鏡が固定されており，外軸には水平目盛盤が固定されている．いま，外軸を固定して内軸のみを回転させると，固定した水平目盛盤に対してバーニヤが移動する．この運動を上部運動（upper motion）といい，上部固定ねじを緩め，下部固定ねじを締める操作で行われる．これに対し，上部固定ねじを締め，下部固定ねじを緩めると，内軸が固定し，全体が外軸の周りに回転できるようになり，バーニヤと水平目盛盤が同時に動いて目盛の読みは移動しない．この運動を下部運動（lower motion）という．

下部運動は，水平目盛の読みをそのまま保ちながら望遠鏡を鉛直軸の周りに回転させ，目標物を視準することが可能となり，反復法という観測方法を採用できるため，測角精度を比較的簡単に上げることができる．しかし，複軸形は軸が二重で器械的な構造などが複雑であるため，原理的に6秒読みのトランシット程度までの精度しか望め

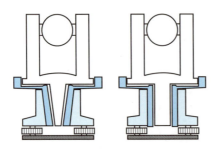
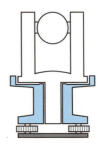

図 5.8　複軸形　　　　図 5.9　単軸形

ない．

　一方，図 5.9 に示す単軸形は，1 個の軸で支えられているので水平目盛盤を単体で回転することができず，望遠鏡だけが軸内で回転できるようになっている．しかし，構造が簡単で取扱いが容易なため，高い精度を期待するトランシットに用いられる．

(4) 水平軸

　望遠鏡を支える水平軸は支柱上に載っており，望遠鏡の鉛直方向の回転軸となっている．また，一般に水平軸は単軸形となっており，水平軸の回転角すなわち鉛直角を測定する場合には望遠鏡の回転とともに高度目盛盤が回転し，角度を読み取る方式をとっている．また，望遠鏡固定ねじを緩めると，望遠鏡は自由回転が可能となる．このとき，望遠鏡が高度目盛盤の右側にある状態で目標物を視準することを望遠鏡正位で視準するといい，高度目盛盤の左側にある状態で目標物を視準することを望遠鏡反位で視準すると呼んでいる．

(5) 目盛盤

　トランシットには望遠鏡の鉛直軸または水平軸の回転角を測るための目盛盤（graduated circle）（水平目盛盤，高度目盛盤）がついている．両目盛盤の基本的な機能，構造は変わらない．目盛盤を分類すると，次のようになる．

① 金属目盛盤，ガラス目盛盤：従来は，銀盤に目盛線と角度の数値が描かれている金属目盛盤を使用していたが，現在のガラス目盛盤では，写真技術を使い，フォトエッチング法により目盛線を描いている．また，ガラス目盛盤は光が透過するので，器械の内部機構により目盛を逆さまにしたり，拡大したりできる利点をもっており，精度もよく角度目盛を読み取ることができる（図 5.10）．いまではガラス目盛盤が一般的に使用されている．

② ロータリーエンコーダ：ロータリーエンコーダもガラス目盛盤の一種である．しかし，角度の読取り方法は電子的に行われるので円周上に角度の数字はない．角度の検出方法は大別すると 2 種類ある．光学セオドライトでは，アブソリュート方式と

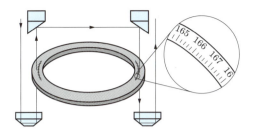

図 5.10 ガラス目盛盤

呼ばれるガラス目盛盤の上に数字の代わりに各種パターンを描くことにより角度の絶対的な位置を示す方法を採用している．もう一つの方式はインクリメンタル方式と呼ばれ，アブソリュート方式との大きな違いは，目盛盤上に角度を示す絶対的な位置がない点であり，非常に細い線がガラス円盤の円周上に等間隔のピッチで描かれているものをいい，ほとんどの電子セオドライトでこの方式を採用している．

(6) 目盛読取り装置

① バーニヤ（遊標，副尺）：主尺の1目盛以下の端数を正確に読み取る装置として，フランス人のピエール・バーニヤが1631年に考案したもので，2本の線がずれているか一直線となっているかを敏感に感じ分ける人間の目の能力に着目したものであり，考案者の名前をとって一般にバーニヤと呼ばれている．これによって観測器械の目盛に一大革命がもたらされた．

図 5.11(a) に示すように，主尺の1目盛の長さを L とし，その $(n-1)$ 目盛の長さを n 等分したものを1目盛とするバーニヤをつくると，バーニヤ1目盛の長さ l は，

$$(n-1)L = nl$$

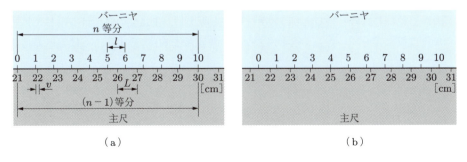

図 5.11 バーニヤの原理

$$\therefore \quad l = \left(1 - \frac{1}{n}\right) L \tag{5.1}$$

となるから，主尺とバーニヤの1目盛の長さの差 v は，次のようになる．

$$v = L - l = L - \left(1 - \frac{1}{n}\right) L = \frac{1}{n} L \tag{5.2}$$

これがバーニヤで読み取ることのできる最小の読み，すなわちバーニヤの単位である．端数の読取りは，主尺とバーニヤの一致したところのバーニヤの値を読めばよい．図 5.11(b) の例ではバーニヤの 4 と主尺が一致しているので，読定値は 21.4 cm となる．ここで，20″ 読みトランシットとは，一般に水平角のバーニヤの単位が 20″ であるトランシットを意味する．したがって，主尺の 1 目盛が 20′ の場合に $v = 20″$ となるためには，

$$n = \frac{L}{v} = \frac{20'}{20''} = 60$$

すなわち，主尺の $60 - 1 = 59$ 目盛を 60 等分したものをバーニヤの 1 目盛とすればよい．図 5.12 は 20″ 読みトランシットのバーニヤである．右回りでバーニヤを読む例を示すと，分度盤の主尺が増す方向のバーニヤを用いるので，左側のバーニヤを使用する．まず，バーニヤ 0 目盛の位置の分度盤を読み取ると，8°00′ と読み取れる．次に，バーニヤと主尺の一致する位置でバーニヤの目盛を読み取ると 10′00″ と読み取れる．したがって，この二つの合計をとって読定値は 8°10′00″ となる．さて，主尺の $(n-1)$ 目盛を n 等分するかわりに，$(n+1)$ 目盛を n 等分しても，両尺の 1 目盛の差は式 (5.2) で表されるから同じ単位のバーニヤをつくることができる．前者を順読みバーニヤ (direct vernier)，後者を逆読みバーニヤ (retrograde vernier) という．

② 副尺マイクロメーター (scale micrometer)：バーニヤの代わりに光学的に目盛を細かく読む方式の一種であり，スケール焦点板上に，主目盛の最小目盛幅とスケール焦点板の幅を同一とし，さらにスケール焦点板を 60 等分することによって主目

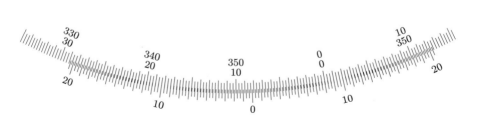

図 5.12 20″ 読みバーニヤ

盛の 1/60 まで読むことができる機構となっている．図 5.13 は副尺マイクロメーターの例であり，読定値は 51°55′48″ となる．

③ 光学マイクロメーター（optical micrometer）：平行平面ガラスに入射した光は，平行平面ガラスによる屈折で平行移動するが方向は変わらない．この原理を用いて，平行平面ガラスを回転させて光線を平行移動させるのが光学マイクロメーターである．たとえば，図 5.14(a) のように主尺が指示されたとき，マイクロ目盛をマイクロつまみにより移動させて図 5.14(b) のように指標線を主尺の目盛線に合わせ，そのときの移動量をマイクロ目盛で読み取る．この場合の読定値は 359°59′48″ となる．この方式により，主尺目盛の端数が 1″ 程度の読取りが可能となる．

④ デジタル表示（digital indication）：電子的に測定された角度をディスプレイ上に表示する装置であり，電子セオドライトに用いられる．図 5.15 のように，目標物を視準する作業のみで角度が自動的に表示され，また水平角，高度角も同時に表示することができ，個人的な読取り誤差がなくて測定も短時間で行える．

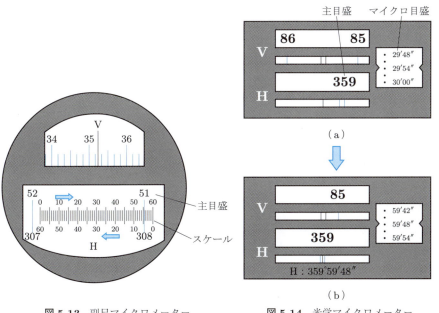

図 5.13　副尺マイクロメーター　　図 5.14　光学マイクロメーター

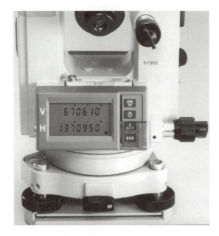

図 5.15 デジタル表示

例題 5.4　20′ 刻みの水平目盛盤があり，そのバーニヤの 60 目盛が主尺の水平目盛盤の 19°40′ に相当しているとき，このバーニヤの読取り単位を答えよ．

解
主尺の目盛の単位は 20′ であるので，19°40′ に相当する主尺の目盛数は $19°40'/20' = 59$ である．すなわち，このバーニヤは主尺 59 目盛を 60 等分している順バーニヤである．したがって，バーニヤの読取り単位は式 (5.2) より，次のようになる．

$$v = \frac{1}{60}20' = 20''$$

答　20″

5.3.3 気泡管

気泡管（bubble tube）は器械の主軸が鉛直になっているかどうか，または水平面を見出すために使用される．気泡管は内面を円弧状にみがいたガラス管にアルコール 60 ％とエーテル 40 ％を混合した粘性の少ない液体を入れ，その一部に気泡を残したものである．また，これを器械に取り付けるために，両端に高さを調節できるねじがついている外管におさめた装置全体を水準器（spirit level）という．これには，図 5.16(a) のような円形水準器と，図 (b) のような管形水準器がある．

管形水準器はガラス管の内面が正しく一定の半径になるようにつくられており，管には気泡の位置を示すために通常 2 mm 刻みに目盛が付けられている．気泡管の目盛の中央における接線の方向を気泡管軸（bubble tube axis）または水準器軸（axis of level tube）という．気泡が中央にあるとき水準器軸は水平である．気泡管の感度（sensitivity of bubble tube）とは，水平からの傾きをどの程度まで精密に示すことが

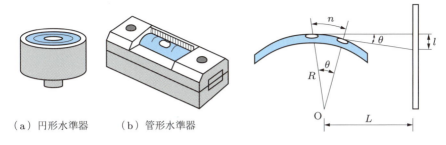

(a) 円形水準器　(b) 管形水準器

図 5.16　水準器　　　　図 5.17　気泡管の感度測定

できるかという性能を表す値であり，管の内面の曲率半径に比例するので，曲率半径が大きくなるほど感度は高くなる．

あるいは，気泡が 1 目盛（2 mm）移動するのに要する管の中心角の大きさで，40″/2 mm のように表される．これは，気泡が中心にある状態から 2 mm 左右にずれたとき，40″ の傾きをもつという意味である．もちろん，その値が小さいほど感度はよい．気泡管の感度を現場で測定する方法を示すと，図 5.17 のように $L = 50 \sim 100$ m 離れたところに標尺を立て，気泡管をある位置から静かに傾けて，気泡の移動量 n（気泡目盛幅）を得たときの中心角を θ [rad] とし，そのときの標尺の読みの幅を l とすれば，

$$n = R \cdot \theta \quad \therefore \quad \theta = \frac{n}{R} \text{ [rad]} \tag{5.3}$$

$$l = L \cdot \theta \quad \therefore \quad \theta = \frac{l}{L} \text{ [rad]} \tag{5.4}$$

すなわち，気泡管の感度 θ は式 (5.4) で与えられる．ここで，θ は rad であるので，これを気泡が 1 目盛移動したときの一般式で表せば，次式となる．

$$\theta_0 = 206265'' \frac{l}{nL} \text{ [″]} \tag{5.5}$$

また，必要であれば，この式 (5.5) を式 (5.3) に代入することにより，気泡管の曲率半径 R を求めることもできる．

例題 5.5　レベルの気泡管の感度を求めるために，レベルから 52 m 離れた標尺を読み取って 1.40 m を得た．次に，気泡管目盛（目盛間隔 2 mm）を 3 目盛ずらして 1.43 m を得た．気泡管の感度および曲率半径を求めよ．

解

図 5.17 において，$l = 1.43 \text{ m} - 1.40 \text{ m} = 0.03 \text{ m}$, $n = 3$, $L = 52 \text{ m}$ となり，式 (5.5) に代入すれば，感度は，

$$\theta_0 = 206265'' \frac{0.03}{3 \times 52} \fallingdotseq 40''$$

となる．式 (5.3) で曲率半径を計算すると，次のようになる．

$$R = \frac{0.006 \times 206265''}{40} \fallingdotseq 31 \text{ m}$$

答　感度 $40''/2\,\text{mm}$，曲率半径 $31\,\text{m}$

5.3.4　整準装置

　測量器械を水平にすることを整準 (leveling) という．整準装置の主要部分は図 5.18 に示される A〜C の 3 個の整準ねじ (leveling screw) で，これを調節して器械を整準する．整準は図 5.19 のように，まず気泡管 I を AB に平行に置く．A, B のねじを同時に反対の方向に回転し，I の気泡を中央に導く．次に，左手によって C のねじだけを反時計方向に回転し，気泡管 II の気泡を中央に導く．これを繰り返して，I および II の気泡管がともに中央に静止することによって整準が完了する．このように気泡を動かすとき，気泡は左手の親指の動く方向に移動するので，これを左手親指の法則 (left thumb rule) という．

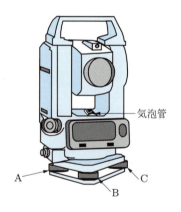

図 5.18　整準ねじ

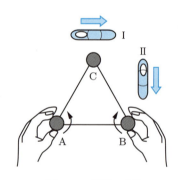

図 5.19　整準の方法

5.4　角測量の誤差とその消去法

　角測量を行う場合，各種測角器械を使用するため，それらに伴う器械の調整不十分および構造上の不備によって生じる器械誤差 (instrumental error)，観測者の個人誤差 (personal error)，自然誤差などがある．したがって，その誤差が起こる原因を解明し，それを消去する観測方法と処理方法の対策を講じて測量に望むことが必要である．

5.4.1 器械誤差

(1) 視準軸誤差

視準軸誤差（error of collimation axis）は，望遠鏡の視準軸が水平軸と正しく直交していないために生じる誤差であり，水平角に影響を与える．いま，水平角に与える誤差 E_c は，次式で表される．

$$E_c = \varepsilon \sec \beta$$

ここに，ε：視準軸の傾き，β：傾斜角（鉛直角）である．

したがって，この誤差 E_c は，望遠鏡を正・反で観測し，その平均値を求めれば消去できる．

(2) 水平軸誤差

水平軸誤差（error of horizontal axis）は，水平軸が鉛直軸と直交せずに傾いているために生じる誤差であり，水平角に影響を与える．いま，水平角に与える誤差 E_h は，次式で表される．

$$E_h = i \tan \beta$$

ここに，i：水平軸の傾き，β：傾斜角である．

したがって，この誤差 E_h は視準軸誤差と同様，望遠鏡を正・反で観測し，その平均値を求めれば消去できる．

(3) 鉛直軸誤差

鉛直軸誤差（error of vertical axis）は，鉛直軸が正しい鉛直線と一致しないために生じる誤差であり，水平角に影響を与える．いま，水平角に与える誤差 E_v は，次式で表される．

$$E_v = \tau \sin \phi \tan \beta$$

ここに，τ：鉛直軸の傾き，ϕ：鉛直軸の最大傾斜方向から水平軸までの水平角，β：傾斜角である．

この誤差 E_v は望遠鏡を正・反で観測し，その平均値を求めても消去できない．したがって，平盤水準器の調整は慎重に行い，器械の整準を確実に行うことが大切である．

以上の視準軸誤差，水平軸誤差，鉛直軸誤差を総称して三軸誤差（errors of three axis）という．

(4) 視準軸の偏心誤差

視準軸の偏心誤差（eccentric error of collimation axis）は，視準軸が水平目盛盤の中心の真上を通過しないために生じる誤差であり，外心誤差ともいい，水平角に影響を与える．この誤差は，望遠鏡を正・反で観測し，その平均値を求めれば消去でき

る．なお，2測点までの距離が等しければ視準軸の偏心誤差は消去される．

(5) 目盛盤の偏心誤差

目盛盤の偏心誤差（eccentric error of graduated circle）は，水平目盛盤の中心と鉛直軸の中心が同一鉛直線中にないために生じる誤差であり，水平角に影響を与える．この誤差は，望遠鏡を正・反で観測し，その平均値を求めれば消去できる．

(6) 目盛誤差

目盛誤差（graduation error）は，目盛盤の目盛が正しく刻まれていないために生じる誤差であり，完全に誤差を消去することはできないが，目盛の位置をずらして何回かの観測を行い，その平均値を求めることによって誤差の絶対量を少なくすることができる．また，方向法の輪郭欄は，この誤差の消去のために設けられたものである．

5.4.2 個人誤差

(1) 据付け誤差

器械を測点上に正しく据え付けるためには，整準を正確に行い，致心により器械の鉛直軸の中心が測点と同一鉛直線中に入るようにしなければならない．器械の据付けが不完全で測点と器械の鉛直軸の中心が同一鉛直線中にない場合に，観測値に生じる誤差を据付け誤差（error of setting），または偏心誤差という．

いま，図 5.20 において，点 O から点 A，B までの距離をそれぞれ d_1，d_2 とし，測点 O が点 O′ に偏心した偏心距離を e とし，点 O での正しい水平角を θ，点 O′ での水平角を θ' としたとき，点 O′ において点 A から右回りに点 O まで測った偏心角を γ とすると，据付け誤差 $\Delta\varepsilon$ は，

$$\Delta\varepsilon = e\left\{\frac{\sin(360° - \gamma)}{d_1} - \frac{\sin(360° - \gamma + \theta')}{d_2}\right\} [\text{rad}]$$

で与えられる．

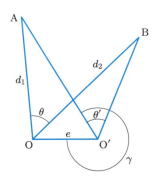

図 5.20 据付け誤差

(2) 視準誤差

視準が不完全なために観測値に生じる誤差を，視準誤差（error of sighting）という．この誤差の消去法としては，視差をなくすことが重要であり，また自然条件に適した観測方法を用いることである．

(3) 読取り誤差

読取り誤差（error of reading）は，目盛を読み取るときに生じる誤差であり，この誤差を小さくするには読取り回数を多くして，平均値を採用するとよい．

5.5 測角器械の据付け

据付けとは，器械の中心と測点が同一鉛直線中にあるようにすることであり，光学垂球を使用する場合と下げ振り（垂球）を使用する場合がある．基本的には，次の手順で作業を進める．
① 三脚を設置する．
② 測角器械を三脚に載せる．
③ 測角器械を整準する．
④ 測角器械を求心する．

5.5.1 光学垂球の場合

❶ 三脚の脚をほぼ正三角形になるように開き，測点が正三角形の重心の位置にくるようにする．このとき，三脚の高さは器械を設置したときに観測しやすい高さとなるようにすること．
❷ 1本の脚を踏み込み，ほかの2本の脚で脚頭が水平になるように調整してからこの2本の脚も踏み込む．
❸ 脚頭のほぼ中央に器械を載せて定心桿（ていしんかん）により固定する．
❹ 光学垂球を覗き，接眼つまみを回して二重丸にピントを合わせる．
❺ 光学垂球の合焦つまみを回して，測点にピントを合わせる．
❻ 光学垂球を覗きながら，整準ねじを回して二重丸の中心と測点を一致させる．
❼ 三脚の伸縮により，円形気泡管の気泡を中央に入れる．
❽ 上部固定ねじを緩めて本体を回転して5.3.4項の方法を繰り返し，横気泡管，縦気泡管それぞれの気泡を中央に入れる．
❾ 光学垂球を覗き，二重丸と測点が一致しているかを確認する．
❿ ずれている場合には，移心装置により一致させて器械を固定する．

5.5.2 下げ振りの場合

① ❶〜❸は光学垂球の場合と同手順であるが，❷の手順の前に下げ振りの糸を三脚の定心桿の金具に引っ掛け，測点上に下げ振りの先端がくるようにして，三脚の2本の脚を踏み込む．
② 光学垂球の場合の❸，❹，❺の手順で行う．
③ 光学垂球を覗き，移心装置により二重丸と測点を一致させる．

5.5.3 傾斜地に据え付ける場合

傾斜地で三脚を設置する場合は，平坦地と違って三脚を均一に伸ばしてからではなかなか脚頭面は水平にならない．したがって，2本の脚をほぼ同じ長さに伸ばし，傾斜地の下側に広げ，ほかの1本を短くして脚頭面が水平になるように調整すると，比較的簡単に三脚を据え付けることができる．

5.6 角測定の方法

5.6.1 水平角の測定方法

角測定をする場合，測角器械の構造に起因する誤差をできるだけ消去するために，望遠鏡正位（normal state of transit, 記号 r：right）と反位（reverse state of transit, 記号 l：left）で観測し，必ず二つのバーニヤを読み取り，平均して観測結果とする．この観測方法を 1 対回の観測（one set observation）という．

また，水平目盛盤の分割誤差の影響を小さくするために，なるべく目盛盤の全周を均等に使用して測定対回数を増やす必要がある．一般に，n 対回観測では初読の目盛盤の位置を $180°/n$ 間隔だけ変え，それぞれ 1 対回観測を行い，これらの平均値を観測結果とする．水平角の測定方法には，次に示すように単測法，倍角法，方向法の3種類がある．測角の目的，精度などを統合的に判断して測定方法を定めればよい．

(1) 単測法

単測法（method of single measurement）は，観測点より二つの視準方向を観測し，その挟む角を測定する方法である．図 5.21 において，単測法により ∠AOB を測定する方法は，次のようになる．

① 点 O に器械を据え付けて整準し，望遠鏡正位の位置でバーニヤ A の読みを 0°00′00″ より少し進んだ値（たとえば 0°01′20″）にして（まだ，このバーニヤは読まない），下部運動により点 A を視準し，バーニヤの読み θ_0（このときはじめて 0°01′20″ と読み取れる）をとって野帳に記入する．この θ_0 を初読（initial reading）という．このとき，バーニヤ B も読む．
② 上部運動により，右側の点 B を視準し，バーニヤ A，B の目盛を読み，θ_1 をとる．

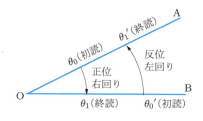

図 5.21 単側法

　この θ_1 を終読 (final reading) という.
③ $\theta_1 - \theta_0$ が ∠AOB の観測角である.
④ さらに精度を上げるために,望遠鏡を反位にし,バーニヤの読みを 90° 付近とし,下部運動で今度は点 B を視準して初読 θ_0' を読み取る.
⑤ 望遠鏡左回りに点 A を視準して終読 θ_1' を読み取る.
⑥ 正位・右回り ($\theta_1 - \theta_0$),反位・左回り ($\theta_1' - \theta_0'$) の平均値をもって求める観測角とする.このように,望遠鏡正位反位の読みを一組とする観測を行うとき,これを 1 対回観測という.表 5.1 はトランシット使用時における単測法の野帳記入例である.したがって,正反の結果を平均して求める観測角は 32°01′20″ となる.

表 5.1 トランシットにおける単測法野帳記入例

測点	視準点	望遠鏡	観測方向	度	バーニヤ		平均	結果
					A	B		
O	A	r	右回り	0°	01′20″	01′00″	0°01′10″	
	B			32	02 20	02 40	32 02 30	32°01′20″
	B	l	左回り	90	30 40	31 00	90 30 50	32 01 20
	A			122	32 20	32 00	122 32 10	

(2) 倍角法

　倍角法 (method of repetition) は,単測法より水平角を精密に測定する方法で,反復法とも呼ばれている.一般に,望遠鏡で視準して角を測定する場合,視準誤差に比べて読取り誤差のほうが大きい.倍角法は,この読取り誤差の影響をできるだけ小さくするために行われる観測方法である.図 5.22 において,倍角法により ∠AOB を測定する方法は次のようになる.
① θ_1 を読み取るまでは単測法と全く同じである.ただし,θ_1 は終読ではなく,参考角として備考欄に記入する.
② 下部運動で左回りに再び点 A を視準する(このときの読みは θ_1 のままである).
③ 上部運動で右回りに再び点 B を視準する(このときの読みはとる必要がない).

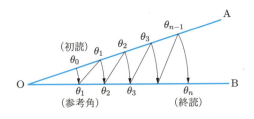

図 5.22 倍角法

④ 上の操作を n 回反復し，点 B において最終の読み θ_n（終読）をとり，野帳に記入する．

$\theta_n - \theta_0$ は求める角 $\angle \mathrm{AOB}$ のほぼ n 倍であるから，これを n 倍角と呼ぶ．正位，右回りの観測角 α_1 は，次のようになる．

$$\alpha_1 = \frac{\theta_n - \theta_0}{n} \quad \text{（正位，右回り）}$$

このとき，α_1 が参考角 $\theta_1 - \theta_0$ にほぼ等しいことを確かめておく．次に，望遠鏡を反転（反位）し，はじめに点 B を視準して初読 θ_0' を，左回りに点 A を視準して参考角の読み θ_1' を n 回反復して最後の点 A での読み θ_n' をとれば，反位，左回りの観測角 α_1' は，

$$\alpha_1' = \frac{\theta_n' - \theta_0'}{n} \quad \text{（反位，左回り）}$$

となる．α_1，α_1' の平均値をもって求める観測角とする．さらに精度を必要とする場合は，上と同じようにして，正位，左回りによる観測角 α_2，反位，右回りによる観測角 α_2' をとれば，

$$\alpha = \frac{\alpha_1 + \alpha_1' + \alpha_2 + \alpha_2'}{4}$$

が求める観測角となる．普通は，正位，右回り（α_1）と反位，左回り（α_1'）をとれば十分である．反復回数は一般に 3～6 回とし，n 倍角がほぼ 360° またはその倍数になるように n の値を選ぶとよい．表 5.2 はトランシット使用時における倍角法の野帳記入例である．したがって，正反の結果を平均して求める観測角は 32°01′05″ となる．

倍角法の利点は，次のとおりである．
- 20″ 読みの測角器械でも，それより精密な観測値が得られる．
- 目盛盤の広い範囲を使用するので，目盛誤差の影響を少なくすることができる．
- 参考角をとっておくので計算による観測角との比較ができ，計算違いなどの誤りが発見できる．

表 5.2 トランシットにおける倍角法野帳記入例

測点	視準点	望遠鏡	観測方向	倍角数	度	バーニヤ A	バーニヤ B	平　均	結　果	備　考
O	A	r	右回り	3	0°	01′20″	01′00″	0°01′10″	96°04′10″ −)　0　01　10 3)96　03　00 32　01　00	参考角 = 32°02′20″ −)　0　01　10 32　01　10
	B				96	04　20	04　00	96　04　10		
	B	l	左回り	3	90	02　00	02　00	90　02　00	186　05　30 −)　90　02　00 3)　96　03　30 32　01　10	参考角 = 122°03′20″ −)　90　02　00 32　01　20
	A				186	05　20	05　40	186　05　30		

なお，バーニヤ A，B の読みの平均をとることによって，視準軸の偏心誤差，視準軸誤差，水平軸誤差を消去している．

(3) 方向法

方向法（method of direction）は，1 点で多くの角を測定する場合に便利であり，これらの角を一組として測定する方法である．測定に要する時間も倍角法に比べて少なく，角の測定精度も均一になる．図 5.23 において，まず基準となる視準点の方向を定める．これを零方向という．零方向の測定誤差は各方向角に影響するので，視準が容易な方向であること，一連の測定中視度を変えないで測定できるように零方向の距離は全視準点への距離の平均になること，その標高も全視準点の標高のほぼ中間になるようにすることが必要である．また，零方向に対して視度を調節しておく．図 5.23 において，方向法により測定する方法は次のとおりである．

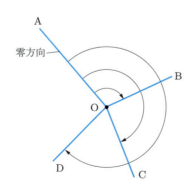

図 5.23　方向法

① 点Bを視準してバーニヤを読み取るまでは単測法と全く同じである．
② 点Bと同様に，点C，Dを視準してそれぞれのバーニヤA，Bを読む．
③ 点Dの読みが終了したら，望遠鏡を反転して反位とし，上部運動により点Dを視準してバーニヤA，Bを読み取る．
④ 点Dと同様に点C，B，Aを視準してバーニヤA，Bを読み取り，一連の測定が終了したことになる．これを1対回の観測という．
⑤ バーニヤを90°より少し進んだ値にして，再び④と同様に2対回目の測定を行う．

最近は，測角器械の性能が向上したので，2対回の観測で十分であるが，対回数を多くすればそれだけ精度を上げることができる．n対回の観測をするときは目盛誤差の影響を少なくするため，零方向を視準する初読を$180°/n$だけ目盛を移動させるとよい．表5.3はトランジット使用時における方向法の野帳記入例である．

表 5.3 トランジットにおける方向法野帳記入例

輪郭	望遠鏡	視準点	度	バーニヤ A	バーニヤ B	平均	観測値	倍角	較差	倍角差	観測差
0°	r	A	0°	01′00″	01′00″	0°01′00″	0°00′00″				
		B	129	33 20	33 40	129 33 30	129 32 30	30	+30	30	10
		C	195	42 00	42 20	195 42 10	195 41 10	10	+10	30	10
		D	248	25 00	25 20	248 25 10	248 24 10	20	±0	0	20
	l	D	68	25 20	25 20	68 25 20	248 24 10				
		C	15	42 00	42 20	15 42 10	195 41 00				
		B	309	33 20	33 00	309 33 10	129 32 00				
		A	180	01 20	01 00	180 01 10	0 00 00				
90°	r	A	90	00 20	00 40	90 00 30	0 00 00				
		B	219	33 20	33 00	219 33 10	129 32 40	60	+20		
		C	285	41 40	42 00	285 41 50	195 41 20	40	±0		
		D	338	24 20	24 40	338 24 30	248 24 00	20	−20		
	l	D	158	25 20	25 20	158 25 20	248 24 20				
		C	105	42 00	42 40	105 42 20	195 41 20				
		B	39	33 20	33 20	39 33 20	129 32 20				
		A	270	01 00	01 00	270 01 00	0 00 00				

表5.3より，各視準点での読みから零方向での読みを引いた値を観測値（角）とし，これから次の量を計算する．

- 輪郭（outline）：望遠鏡正位で零方向を視準したときの目盛盤の位置．
- 倍角（double angle）：同一輪郭で同じ視準点に対する1対回の観測の正位と反位の観測値の秒数を加えた値．ただし，同一度分からの秒数を加えた値とする（$r+l$）．
- 較差（discrepancy）：同一輪郭で同じ視準点に対する1対回の観測の正位の観測値か

ら反位の観測値を引いた値．ただし，同一度分からの秒数を引いた値とする（$r-1$）．
- 倍角差（difference of double angle）：各対回の観測の同一視準点に対する倍角の最大値と最小値の差であり，視準誤差，読取り誤差のほかに垂直誤差および目盛誤差が含まれる．
- 観測差（difference of observation）：各対回の観測の同一視準点に対する較差の最大値と最小値の差であり，視準誤差と読取り誤差が含まれる．

一般の測量では，必要な精度によって倍角差，観測差の限度が示されており，その範囲内にあればこれらの観測値を平均して各視準点の観測角とする．表 5.4 はその公共測量作業規程による倍角差，観測差の許容範囲を示したものである．

表 5.4 公共測量作業規程による許容範囲

項　目		基準点測量	1 級	2 級	3 級	4 級
水平角観測	方向観測法	使用トランシット	1 級	1 級	2 級	3 級	3 級
		倍角差	15″	20″	30″	30″	60″
		観測差	08″	10″	20″	20″	40″
鉛直角観測		高度定数の較差	10″	15″	30″	30″	60″

観測値の倍角差および観測差が許容制限値内に入っていれば，各視準点ごとに各輪郭における正反の観測値合計四つの値を平均する．

$$視準点 B : 129°32' + \frac{1}{4}(30'' + 00'' + 40'' + 20'') = 129°32'22.5''$$

$$視準点 C : 195°41' + \frac{1}{4}(10'' + 00'' + 20'' + 20'') = 195°41'12.5''$$

$$視準点 D : 248°24' + \frac{1}{4}(10'' + 10'' + 00'' + 20'') = 248°24'10''$$

したがって，求める角は，

$$\angle AOB = 129°32'22.5''$$

$$\angle BOC = 195°41'12.5'' - 129°32'22.5'' = 66°08'50''$$

$$\angle COD = 248°24'10'' - 195°41'12.5'' = 52°42'57.5''$$

と計算される．

例題 5.6 トランシットによる水平角の観測法に関する次の記述のうち，誤っているものを選べ．
(1) 反復法では方向法より読取り誤差が小さくなる．
(2) 反復法において終読が 360° に近くなれば目盛誤差の影響は軽減される．
(3) 方向法では零方向の選定の良否が同一観測点における各水平角の観測値に影響する．
(4) 方向法による場合でも，反復法による場合でも，同一のトランシットを用いる限り，鉛直軸に関する器械誤差は同一の原因から生じる．
(5) 方向法により 2 対回以上の観測を行う場合には，1 対回ごとに目盛盤の初読の位置を変えることによって目盛誤差の影響を軽減することができる．

[測量士補]

解
(1) 反復法では方向法より読取り誤差が小さくなるので正しい．
(2) 反復法は 0° 付近より測定をはじめ，何回か測定して 360° 付近で測定が終了するように水平目盛盤を使用すれば，目盛が不均一である誤差を最小にすることができる．
(3) 方向法は 1 点の周りにいくつもの角がある場合に使用する測定方法なので，零方向の取り方によっては水平角の測定値に影響することもある．
(4) 反復法では複軸型のトランシットでないと使用できないため，鉛直軸誤差が生じやすい．方向法は零方向を基準に観測を行うので，誤差は零方向にともなう定誤差の発生が考えられる．
(5) n 対回の観測をするときは目盛誤差の影響を少なくするため，初読を $180°/n$ だけ目盛を移動させるとよい．

答　(4)

例題 5.7 $50°24'12''$ である角を $20''$ 読みのトランシットを用いて 3 倍角の反復法によって観測したときの，測定結果を求めよ．ただし，各種誤差はないものとする．

解
$50°24'12''$ である角を 3 倍角の反復法によって観測したときの最終結果は，

$$50°24'12'' \times 3 = 151°12'36''$$

となる．しかし，使用しているトランシットは $20''$ 読みであるので，このときのトランシットの読みは $20''$ の倍数である $151°12'40''$ と読み取ることになる．

したがって，求める観測角は次式となる．

$$\frac{151°12'40''}{3} = 50°24'13''$$

答　$50°24'13''$

5.6.2 鉛直角の測定方法

　鉛直目盛は鉛直角が直接求められるように0～360°を全円に刻み，天頂を0°として望遠鏡が正位で水平のとき90°，反位で水平のとき270°を示すものと，望遠鏡が正位・反位とも水平のとき0°を示し，その上下に0～90°が刻まれているものがある．鉛直角観測の場合は水平角観測と違い，どの測点に器械を設置しても，基準となるのは水平方向または，鉛直方向である．また，正反観測によって求めたそれぞれの鉛直角を加えると360°になるという特性をもっており，誤差の確認が簡単に行える．

　ここで，正反観測の合計から360°を引いた値を高度定数（altitude constant）といい，目標の高低差あるいは距離に関係せず，鉛直角の測定精度の目安として用いられる．したがって，各目標を観測したときの高度定数を比較し，その最大値と最小値の差が許容範囲以内であればよいが，これを越えるときは再測が必要となる．表5.4は公共測量作業規程による高度定数の較差の許容範囲を示したものである．

5.7 角測量の応用

5.7.1 直線の延長

　図5.24において，直線ABの延長上に点Cを設置する方法は，次のようになる．
① 点Aに測角器械を据えて整準する．
② 上部および下部固定ねじを締め，上部または下部固定ねじを回して，点Bを視準する．
③ 点Cの付近に立てたポールの先端が望遠鏡の十字線交点に合致するようにポールを移動させ，点Cを定める．

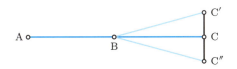

図 5.24 直線の延長

　点Aから点Cが視準できないときは，次のようになる
① 点Bに測角器械を据えて整準する．
② 上部および下部固定ねじを締め，望遠鏡正位で上部または下部固定ねじを回して，点Aを視準する．
③ 望遠鏡を反転し（望遠鏡反位），視準線中に点C′を定める．
④ そのまま（望遠鏡反位）望遠鏡を回して，点Aを視準する．
⑤ 望遠鏡を反転し（望遠鏡正位），視準線中に点C″を定める．

⑥ 点 C′ と点 C″ が一致すれば，その点が求める AB 線の延長点 C である．
⑦ 点 C′ と点 C″ が一致しないときは，C′C″ 間の中点 C が求める AB 線の延長点 C である．

5.7.2 見通せない 2 点の直線上に器械を設置する方法

図 5.25 に示すように，互いに見通しが困難な 2 点 A，B を結ぶ直線上に器械を設置する方法は，次のようになる．
① 線 AB 上と思われる点 C′ に測角器械を据えて整準する．
② 点 C′ より点 A を視準し（上，下固定ねじは締めてある），望遠鏡を反転して，点 B′ を定める．
③ ② と同じ手順で点 B を視準し，点 A′ を定める．
④ AA′，BB′ の距離を測定する．
⑤ CC′ = (AA′·BB′)/(AA′ + BB′) より CC′ の長さを求め，その長さを点 C′ よりとれば，求める中間点 C が定まる．

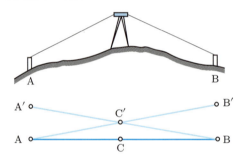

図 5.25　見通せない 2 点の直線

または，次のようになる．
① 前述の手順において点 B′ を定め，BB′ の距離を測定する．
② AC の距離を測定する．
③ CC′ = (AA′·AC)/AB より CC′ の長さを求め，前と同様に点 C を定める．
④ 点 C に器械を移動させ，点 B′ が点 B に一致するまで上記の操作を繰り返す．

5.7.3 水平角の測設

図 5.26 において，OA と角 θ をなす直線 OB を設置する方法は，次のようになる．
① 点 O に測角器械を据えて整準する．
② バーニヤの読みを 0°00′00″ に合わせ，下部運動により点 A を視準する．
③ 上部運動によりバーニヤの読みが θ になるときの視準線中に点 B′ を定める．
④ 一般に，点 B′ は点 B と一致しないため，∠AOB′ を倍角法により求め，その観測

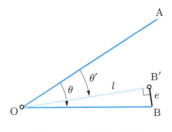

図 5.26 水平角の測設

角 θ' を計算する．

⑤ $OB' = l$ として，$e = \{l(\theta - \theta')\}/206265''['']$ より計算した BB' の長さ e を，OB' に直角な方向にとって点 B を定めれば，∠AOB は正しい θ となる．

演習問題

5.1 半径 10 cm の円において，円弧の長さ 6 cm を挟む中心角を求めよ．

5.2 半径 100 m の円において，中心角 80° に対する円弧の長さを求めよ．

5.3 地球の赤道半径 6300000 m として，その中心の角 01″ で挟む弧長を求めよ．

5.4 レベルで 30 m 前方の標尺を視準したところ，視準誤差により水平線より 10″ ずれていた．このときの誤差を求めよ．

5.5 20′ 刻みの水平目盛があり，そのバーニヤで 40″ まで読み取るには，バーニヤの目盛をどのくらいにすればよいかを答えよ．

5.6 20′ 刻みの水平目盛があり，このバーニヤの 60 目盛が水平目盛盤の 20°20′ に相当するという．このバーニヤの最小の読取りが何秒になるかを求めよ．

5.7 20′ 刻みの水平目盛があり，そのバーニヤの 20 目盛が水平目盛盤上 62°20′ と 68°40′ の線に一致することがわかった．このバーニヤで読むことのできる最小読取りを求めよ．

5.8 気泡管の感度 $\theta = 30''$ のレベルで，器械から標尺までの距離が 50 m のとき，気泡管 1/4 目盛の場合の標尺の読みの差を求めよ．

5.9 トランシットで測角をしたところ，水平目盛盤が図 5.27 のような状態になった．このときの右回りと左回りの読みを求めよ．

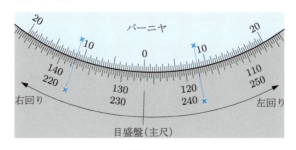

図 5.27

5.10 31°46′08″ の角を 01″ 読みのトランジットを用いて 6 倍角の倍角法によって観測したとき，測定結果を求めよ．ただし，各種誤差はないものとする．

5.11 次の語句を説明せよ．
(1) 上部運動　　(2) 下部運動　　(3) 1 対回の観測

5.12 水平角の観測を行い，表 5.5 の観測結果を得た．表を完成させ，観測角を求めよ．

表 5.5

測点	視準点	望遠鏡	観測方向	倍角数	度	バーニヤ A	バーニヤ B	平均	結果
O	A	r	右回り	3	0°	16′20″	16′00″		
	B				159	40 20	40 00		
	B	l	左回り	3	180	16 40	16 40		
	A				339	40 40	41 00		

5.13 点 A にトランジットを据え付け，50 m 離れた点 B の方向を観測したところ，40″ の誤差があった．測線 AB に対する点 B の直角方向の位置のずれを求めよ．

5.14 直線 AB 上の 1 点において，AB に直交する直線 BC を設定しようとする．測点 B にトランジットを設置し，BA 方向を 0°00′00″ で視準した後，水平目盛盤の目盛 90°00′00″ の方向を視準して BC の方向を定め，測点 C に杭打ちをした．次に，同じトランジットで 3 倍角の正反の観測を行って，∠ABC を測定して 90°01′05″ を得た．この結果より，測点 C をどちら側にいくら移さなければならないかを求めよ．ただし，BC の距離は 100.00 m とする．

第6章 トラバース測量

6.1 トラバース測量とは

 ある地域を正確に測定しようとする場合，どのくらい高い精度の基準点をその地域内に設置できるかが問題となってくる．したがって，その地域で，必要な補助点を必要な密度になるように図上に増設する骨組測量を行い，これによって各種測量を行うことが必要である．

 トラバースとは，測線を連ねた図形をいう．トラバース測量（traverse surveying）は，多角測量とも呼び，この基準点を結合してできた多角形の水平角と測点間の距離を順次測定し，その結果より各測線に対する緯距および経距を計算して各測点の座標を定め，平面上の位置を決定する測量である．近年では，トータルステーションなどの普及にともない，簡単で高い精度の測距，測角が得られるようになり，高精度な各測点の座標が求められるようになった．

6.2 トラバースの種類

 トラバース測量の測点をトラバース節点（単に多角節点：traverse turning point）またはトラバース点（traverse point）という．測線はトラバース線（traverse line）と呼び，トラバース路線（traverse route）は節点によって構成され，次に示すような種類がある．

① **結合トラバース**（fixed traverse）：図 6.1(a) に示すように，座標既知点から出発し，ほかの座標既知点で終わるトラバースであり，既知点としては三角点などが用いられる．座標，標高などの閉合差から精度の確認を行うことができるため，確定

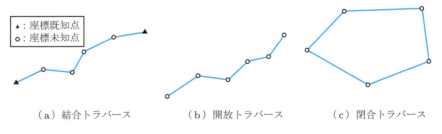

（a）結合トラバース　　（b）開放トラバース　　（c）閉合トラバース

図 6.1　トラバースの種類

トラバースとも呼ばれている．

② **開放トラバース**（open traverse）：図 6.1(b) に示すように，座標未知点から出発し，任意の座標未知点で終わるトラバースであり，測角の誤差も測距の誤差も点検する手段をもたないため，特別な場合を除いては用いるべきではない．

③ **閉合トラバース**（closed traverse）：図 6.1(c) に示すように，ある 1 点より出発し，順次測距，測角を行って出発点に戻り，多角形を形成するトラバースである．出発点に正しく戻ってくることで測量結果の検証ができるが，測角が正確に測られていれば測距に定誤差があっても，図 6.2 に示すように正しいトラバースに相似の多角形が形成され，測量結果は一見正しく見える．したがって，その定誤差を発見することは困難である．

④ **トラバース網**（traverse network）：結合トラバース，開放トラバース，閉合トラバースの 2 個以上のトラバースを組み合わせ，網状に結合したものをトラバース網という．近年では，パソコンなどの使用により複雑なトラバース網の計算も容易になっているが，原則的には，トラバース網の調整を簡単にするために図 6.3 に示すように，国土交通省公共測量規程によって各種基本型が定められている．この基本型は既知点を結合する型を示したもので，交点 1 点を調整するものと交点 2 点を調整するものに分類される．

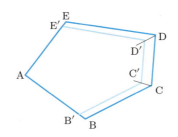

図 6.2　測距に定誤差が含まれている場合

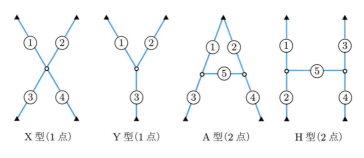

図 6.3　トラバース網

6.3　トラバース測量の手順

トラバース測量は，一般に次の手順で行う．

① **計画**（planning）：予算，完成するまでの期間，必要人数その他の条件を考慮し，空中写真および各種地形図などを利用し，トラバース節点の配置を図紙上で計画するなどのおおまかな測量計画を立てなければならない．これを計画という．

② **踏査**（reconnaissance）：計画に基づいて，測量計画地域を実際に土地の事情に詳しい人に同行してもらい，その地域全体に均一にトラバース節点が配置できるか，トラバース節点間の見通しが確保できるか，各辺長はほぼ等しくとることができるか，また，交通，作業に対する安全は十分かなどを入念に調査することを踏査という．

③ **選点**（selection of stations）：踏査によって選定されたトラバース節点を地形図上に標示する．これを選点という．選点のよしあしにより作業の能率および精度に多大な影響を与えるので，慎重に行う必要がある．選点に関しての注意事項は，次のとおりである．

- トラバース節点の数は，できるだけ少なくすること．
- トラバース節点は，交通の妨げにならない場所で，測距，測角がしやすい場所を選ぶこと．
- トラバース節点は堅固な地点で，安全に保存できる場所であること．
- トラバース線長は，できるだけ短くし，平坦地を通って等しい長さとすること．
- トラバース線は，境界，建物，河川，道路，鉄道など，以後の細部測量が効率的に進むように，なるべく平行にとること．

④ **造標**（election of stations）：選点作業が終了したら造標を行う．造標とは，選点により決定したトラバース節点を地上に移すために，石やコンクリートを材料とする杭を埋めることである．また，必要に応じて適当な標識を設けることを測標という．

⑤ **距離測定**：トラバース測量における距離の測定は，鋼巻尺を用いて3.6節で示した精密な直接距離測量で行うのが一般的であるが，最近では，トータルステーションなどによる測距も多用されている．

⑥ **水平角の測定**：測角法は，どの角を測定するかによって交角法，偏角法，方向角法の三つに分けられるが，トラバース測量では図6.4のように隣り合う二つのトラバース線の交角をそれぞれ独自に独立して測る交角法が使用されることが多い．

　図6.4(a)に示す閉合トラバースの内角を測角する場合には，内角と外角の思い違いをしないようにトラバース節点A，B，…を左回りに設け，測角は右回りの読

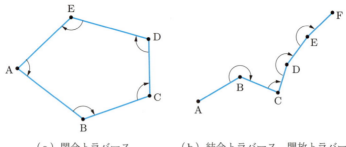

(a) 閉合トラバース　　　　（b）結合トラバース，開放トラバース

図 6.4　交角法

みをとるという機械的な測角法を採用することにより，過誤がなくなる．したがって，この測角法を図 (b) に示す結合トラバースや開放トラバースに適用すると，進行方向の左側の角を右回りに測角することになる．交角法の利点としては，測角に誤りがあったとき，誤差の大きそうな角だけを再測できることと，必要とする精度に応じて単測法や倍角法で測角できることである．

6.4　トラバース測量の計算

6.4.1　測定角の調整計算

(1) 閉合トラバース

トラバースの測角を全部測定し終えたならば，測定結果が幾何学的条件を満足しているかどうかを調べる必要がある．この条件から得られる誤差を閉合差と呼ぶ．比較の結果，測定値の閉合差が許容誤差（allowable error）より大きい場合には，再度測角をやり直さなければならない．トラバース測量における各トラバース節点の測角の精度は，ほぼ同じと考えられるので，n 角の総和に対する許容誤差 E は，一つの角の角誤差を ε とすれば，

$$E = \pm \varepsilon \sqrt{n} \tag{6.1}$$

で表される．ε の値は，バーニヤの単位または地形による作業難易を示す係数であり，後者を目安として示すと次のとおりである．

　　　市街地，平坦地の場合　　$\varepsilon = 20 \sim 30''$
　　　農地などの場合　　　　　$\varepsilon = 30 \sim 60''$
　　　山林，原野の場合　　　　$\varepsilon = 60 \sim 90''$

許容誤差以内にある誤差には，不定誤差だけが含まれる．この誤差は，各測角値に平均的に生じるので，幾何学的条件を満足するように，この誤差を各測角値に均等に

配分し，各測定値を調整する．トラバース線の方位角が 45，135，225，315° の 4 角の値に対する sin と cos の値が同じ値であり，緯距，経距に与える影響が同じになるため，誤差に端数があるときは，この 4 角に最も近い測定角に，その端数を配分する．

辺の数を n，測定角を α_1, α_2, $\cdots$, α_n とした場合，この多角形の内角の総和は $180°(n-2)$ となる．しかし，実際には閉合差を生じる．内角を測定したときの閉合差 E_α は，

$$E_\alpha = 180°(n-2) - \sum_{i=1}^{n} \alpha_i \tag{6.2}$$

となり，外角を測定したときは次のようになる．

$$E_\alpha = 180°(n+2) - \sum_{i=1}^{n} \alpha_i \tag{6.3}$$

図 6.5 は閉合トラバースの測定の一例を示したものである．以下，このトラバース測定の結果に基づいて各種計算例を順序立てて説明する．また，測定結果はすべて許容誤差以内にあるものとする．

測定結果より，トラバースを左回りに，測角を右回りに内角を測定しているので，式 (6.2) より次のようになる．

$$E_\alpha = 540° - 539°59'39'' = 21''$$

$$21'' \div 5 = 04'' \times 5 + 01''$$

いま，図 6.5 より概算で各トラバース線の方位角を求めると，図 6.6 のようになり，トラバース線 BC が 135° に近いので端数の 01″ を配分する．表 6.1 は測定値の調整を行ったものである．

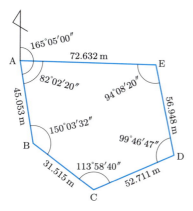

図 6.5 閉合トラバースの測定例

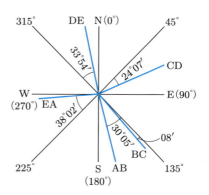

図 6.6 概算方位角

表 6.1 測定角の調整

トラバース節点	測定値	調整量	調整測定値	トラバース線
A	82°02′20″	+04″	82°02′24″	A〜B
B	150 03 32	+05	150 03 37	B〜C
C	113 58 40	+04	113 58 44	C〜D
D	99 46 47	+04	99 46 51	D〜E
E	94 08 20	+04	94 08 24	E〜A
合計	539 59 39	+21	540 00 00	

(2) 結合トラバース

図 6.7 に示すような結合トラバースでは，両端のトラバース節点 A，B が座標既知点であり，さらに，ほかの座標既知点 P，Q が視準でき，AP，BQ の方位角もそれぞれ β_A，β_B と既知であるとき，次式の条件式となる．

$$\sum_{i=1}^{n} \alpha_i + \beta_A - \beta_B = 180°(n+1) \tag{6.4}$$

ただし，実際には次の角誤差 E が生じる．

$$E = \sum_{i=1}^{n} \alpha_i + \beta_A - \beta_B - 180°(n+1) \tag{6.5}$$

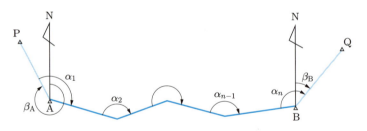

図 6.7 結合トラバースの測角

座標既知点 P，Q が北に対してどちら側にあるかによって，式 (6.4) は変化する．式 (6.4) からわかるように，方位角観測の精度が全体の精度に多大な影響を与えるので，慎重に測角を行う必要がある．

6.4.2 方位角の計算

方位角（azimuth angle）とは，真北方向を基準として次のトラバース節点への右回り（時計回り）に測定した水平角の値であり，真北方向が磁北に一致しているときはとくに磁方位角というが，一般にこの場合も方位角と呼んでいる．出発点で測定した

方位角をもとに，順次計算によって方位角を求める．いま，図 6.8(a) に示すように，
① トラバース節点を左回りに回り，測角を右回りに測定した場合の方位角は（進行方向に対して左側の交角 α_n を観測した場合）

$$\beta_1 = \beta_{n-1} + 180° + \alpha_1 \tag{6.6}$$

② トラバース節点を左回りに回り，測角を左回りに測定した場合の方位角は（進行方向に対して右側の交角 α_n を観測した場合）

$$\beta_1 = \beta_{n-1} + 180° - \alpha_1 \tag{6.7}$$

で表すことができる．このことより，測角を右回りに測った場合を正（＋），左回りに測った場合を負（－）とすれば，

$$（あるトラバース線の方位角）＝（一つ前のトラバース線の方位角）＋ 180°$$
$$\pm（あるトラバース線の測角）$$

と表すことができる．この式で求めた値が 360° または 720° を越えた場合は，360° または 720° を引いた値を方位角とする．また，負になる場合は 360° を加えた値が方位角となる．なお，計算に使用する測角とは調整測定値のことである．表 6.2 は AB の方位角を 165°05′00″ としたときの各トラバース線の方位角の計算例を，式 (6.6) で行ったものである．

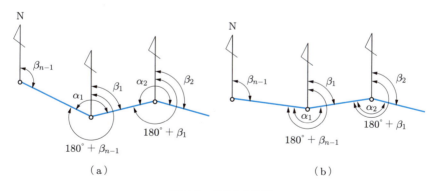

図 6.8　方位角の計算

表 6.2 方位角の計算

トラバース線	調整測定値	計算方法	方位角
A〜B	82°02′24″		165°05′00″
B〜C	150°03′37″	165°05′00″ 180 +) 150 03 37 495 08 37 −) 360 135 08 37	135 08 37
C〜D	113 58 44	135 08 37 180 +) 113 58 44 429 07 21 −) 360 69 07 21	69 07 21
D〜E	99 46 51	69 07 21 180 +) 99 46 51 348 54 12	348 54 12
E〜A	94 08 24	348 54 12 180 +) 94 08 24 623 02 36 −) 360 263 02 36	263 02 36
A〜B	82 02 24	263 02 36 180 +) 82 02 24 525 05 00 −) 360 165 05 00	165 05 00（検算）

6.4.3 方位の計算

　各トラバース線の方位角が計算されていれば，そのまま緯距，経距を算出することができるが，座標を求める場合には，方位に換算しておくと，方位角の大きさに無関係に公式を利用でき，計算上便利である．方位（bearing）とは，東西南北線で区切られる各象限において南北線（N-S 線）を基準にして，その傾きを鋭角（90° 以下の角度）で表したものである．図 6.9 は第 I〜第 IV 象限の方位角 a_n における方位および各象限の関係を示したものであり，表 6.3 は，その計算方法と表示方法を示したものである．

　表 6.4 は表 6.2 で計算した各トラバース線の方位角を使用した方位の計算例である．

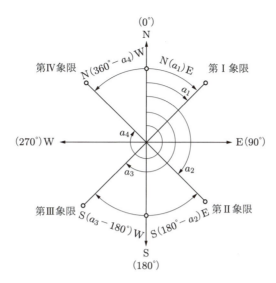

図 6.9 方位角，方位および象限の関係

表 6.3 方位の計算方法と表示方法

象 限	方位角 a_n	方 位	緯距 L	経距 D
I	$0° \leqq a_1 < 90°$	N（ a_1 ）E	+	+
II	$90° \leqq a_2 < 180°$	S（$180° - a_2$）E	−	+
III	$180° \leqq a_3 < 270°$	S（$a_3 - 180°$）W	−	−
IV	$270° \leqq a_4 < 360°$	N（$360° - a_4$）W	+	−

表 6.4 方位の計算

トラバース線	方位角	計算方法	方 位
A〜B	165°05′00″	180° −) 165 05 00 14 55 00	S 14°55′00″ E
B〜C	135 08 37	180 −) 135 08 37 44 51 23	S 44 51 23 E
C〜D	69 07 21		N 69 07 21 E
D〜E	348 54 12	360 −) 348 54 12 11 05 48	N 11 05 48 W
E〜A	263 02 36	263 02 36 −) 180 83 02 36	S 83 02 36 W

6.4.4 緯距，経距の計算

トラバース測量における結果を整理し，トラバース節点を図紙上に標示したり，面積を求めたりするために，直角座標系を用いて各トラバース節点の座標を計算し，その位置を定める．図 6.10 に示すように，トラバース測量では基準の縦軸（X 軸）に子午線，横軸（Y 軸）には東西線をとるのが一般的である．ここで，トラバース線 AB のトラバース線長 l，その方位を a とし，トラバース節点 B から子午線に垂線を下ろした点を B′，東西線に垂線を下ろした点を B″ としたとき，AB′ をトラバース線 AB の緯距 L，AB″ をトラバース線 AB の経距 D という．

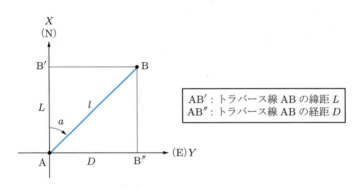

図 6.10 緯距と経距

一般に，緯距（latitude）とは子午線に対するトラバース線の正投影長であり，方位が第 I，第 IV 象限にあるときは正（+），第 II，第 III 象限にあるときは負（−）の値をとる．また，経距（departure）とは，東西線に対するトラバース線の正投影長であり，方位が第 I，第 II 象限にあるときは正（+），第 III，第 IV 象限にあるときは負（−）の値をとる．緯距 L，経距 D の計算式は，それぞれ次式のようになる．

$$L = \mathrm{AB}' = l \cos a \tag{6.8}$$

$$D = \mathrm{AB}'' = l \sin a \tag{6.9}$$

象限による符号の違いを表 6.3 に示す．表 6.5 は表 6.4 で計算した各トラバース線の方位により式 (6.8)，(6.9) を使用して緯距，経距を計算したものである．

表 6.5 緯距, 経距の計算

トラバース線	距離 [m]	方 位	cos	sin	緯距の計算
A〜B	45.053	S 14°55′00″ E	0.966301	0.257414	$45.053 \times 0.966301 = 43.535$
B〜C	31.515	S 44 51 23 E	0.708877	0.705332	$31.515 \times 0.708877 = 22.340$
C〜D	52.711	N 69 07 21 E	0.356371	0.934344	$52.711 \times 0.356371 = 18.785$
D〜E	56.948	N 11 05 48 W	0.981304	0.192465	$56.948 \times 0.981304 = 55.883$
E〜A	72.632	S 83 02 36 W	0.121119	0.992638	$72.632 \times 0.121119 = 8.797$
合計	258.859				
差					

トラバース線	経距の計算	緯距 +	緯距 −	経距 +	経距 −
A〜B	$45.053 \times 0.257414 = 11.597$		43.535	11.597	
B〜C	$31.515 \times 0.705332 = 22.229$		22.340	22.229	
C〜D	$52.711 \times 0.934344 = 49.250$	18.785		49.250	
D〜E	$56.948 \times 0.192465 = 10.960$	55.883			10.960
E〜A	$72.632 \times 0.992638 = 72.097$		8.797		72.097
合計		74.668	74.672	83.076	83.057
差			0.004		0.019

6.4.5 閉合誤差および閉合比の計算

(1) 閉合トラバース

閉合トラバース測量において測角と測距が正確に実施されたとすれば, 理論的には緯距の N (+) に向かうものの総和は S (−) に向かうものの総和に等しく, 経距の E (+) に向かうものの総和は W (−) に向かうものの総和に等しくなければならない. すなわち, 次式が成り立つ.

$$\sum L = 0 \tag{6.10}$$

$$\sum D = 0 \tag{6.11}$$

しかし, 実際の測定には図 6.11 に示すように必ず誤差が含まれているので, 次式が成り立つ.

$$\sum L = E_L \tag{6.12}$$

$$\sum D = E_D \tag{6.13}$$

E_L を緯距の閉合誤差 (error of closure), E_D を経距の閉合誤差という. これらを合成したものを閉合誤差 E といい, E_L, E_D を 2 辺とする直角三角形の斜辺であるか

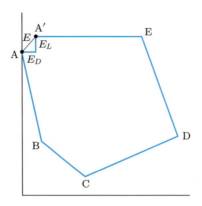

図 6.11 閉合トラバースの閉合誤差

ら，次式が成り立つ．

$$E = \sqrt{E_L{}^2 + E_D{}^2} \tag{6.14}$$

また，各トラバース線長を l とし，その総和を $\sum l$ としたとき，閉合誤差 E をトラバース線長の総和 $\sum l$ で割った値を閉合比（ratio of error of closure）$1/P$ と呼び，一般に分子を 1 とした分数で表し，この値の大小でトラバース測量の精度を表す．

$$\frac{1}{P} = \frac{E}{\sum l} \tag{6.15}$$

表 6.5 の計算結果より閉合誤差 E，閉合比 $1/P$ を求めると，

$$E = \sqrt{(-0.004)^2 + (0.019)^2} = 0.019\,\mathrm{m}$$
$$\frac{1}{P} = \frac{0.019}{258.859} \fallingdotseq \frac{1}{13000}$$

となる．閉合比が許容制限値を越えた場合は，計算に誤りがないか点検し，誤りがない場合にはすでに測角値は調整してあるので，測距について再測を行う必要がある．このとき，緯距，経距の計算結果を図紙に展開し，図紙上に表示されている閉合誤差 E とほぼ平行なトラバース線の測距に誤りがあると判断して再測する．

トラバース測量における閉合比の許容制限値は，測量地域の地形の状況，測量の目的，測量方法などによって一定の値ではないが，おおよそ次のように定められている．
① 山地で見通しの悪い場所　1/1000
② 山林原野で緩傾斜の場所　1/3000〜1/5000
③ 市街地で平坦な場所　　　1/5000〜1/40000

(2) 結合トラバース

結合トラバース測量においては，図 6.12 に示すように始点 A および，終点 B がそれぞれ既知点であり，座標 $(x_1, y_1), (x_n, y_n)$ として定まっている場合は，閉合トラバースと同じ考え方で緯距および経距の閉合誤差 E_L, E_D は，

$$E_L = \sum L - (x_n - x_1) \tag{6.16}$$

$$E_D = \sum D - (y_n - y_1) \tag{6.17}$$

となる．したがって，トラバースの閉合誤差は次のようになる．

$$E = \sqrt{E_L{}^2 + E_D{}^2} \tag{6.18}$$

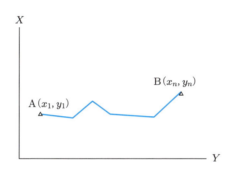

図 **6.12** 結合トラバースの閉合誤差

6.4.6 閉合誤差の調整

トラバースの閉合比が許容制限値以内に入っていても，閉合誤差が存在する以上，トラバースは幾何学的条件を満足しない．したがって，各トラバース線の緯距，経距を修正して閉合誤差を 0 にし，完全に閉合の条件を満足するように計算結果を調整しなければならない．これをトラバースの閉合誤差の調整（balancing of traverse）という．この調整法としては，次に述べる 2 種類の方法で誤差を分配する．

(1) コンパス法則

コンパス法則（compass rule）は，測角の精度と測距の精度がほぼ等しい場合に用いられる調整法であり，緯距の閉合誤差 E_L および経距の閉合誤差 E_D をトラバース線長 l に比例してそれぞれ緯距および経距に分配加算する法則である．すなわち，あるトラバース線長 l_i に対する緯距 L_i の調整量を ΔL_i，経距 D_i の調整量を ΔD_i とすると，次式となる．

$$\Delta L_i = E_L \cdot \frac{l_i}{\sum l_i} \tag{6.19}$$

$$\Delta D_i = E_D \cdot \frac{l_i}{\sum l_i} \tag{6.20}$$

表 6.6 は，表 6.5 で計算した緯距および経距をコンパス法則で調整した計算例である．

表 6.6 コンパス法則による調整計算

トラバース線	距離	緯距 +	緯距 −	経距 +	経距 −	緯距調整計算
A〜B	45.053		43.535	11.597		$0.004 \times \dfrac{45.053}{258.859} = 0.001$
B〜C	31.515		22.340	22.229		$0.004 \times \dfrac{31.515}{258.859} = 0$
C〜D	52.711	18.785		49.250		$0.004 \times \dfrac{52.711}{258.859} = 0.001$
D〜E	56.948	55.883			10.960	$0.004 \times \dfrac{56.948}{258.859} = 0.001$
E〜A	72.632		8.797		72.097	$0.004 \times \dfrac{72.632}{258.859} = 0.001$
合計	258.859	74.668	74.672	83.076	83.057	0.004
差			0.004	0.019		

トラバース線	経距調整計算	調整緯距 +	調整緯距 −	調整経距 +	調整経距 −
A〜B	$0.019 \times \dfrac{45.053}{258.859} = 0.003$		43.534	11.594	
B〜C	$0.019 \times \dfrac{31.515}{258.859} = 0.002$		22.340	22.227	
C〜D	$0.019 \times \dfrac{52.711}{258.859} = 0.004$	18.786		49.246	
D〜E	$0.019 \times \dfrac{56.948}{258.859} = 0.004$	55.884			10.964
E〜A	$0.019 \times \dfrac{72.632}{258.859} = 0.006$		8.796		72.103
合計	0.019	74.670	74.670	83.067	83.067
差					

(2) トランシット法則

トランシット法則（transit rule）は，測距の精度が測角の精度より劣る場合に用いられる調整法であり，緯距の閉合誤差 E_L および経距の閉合誤差 E_D をそれぞれトラバース線の緯距の絶対値 $|L_i|$ および経距の絶対値 $|D_i|$ に比例して緯距および経距に分配加算する法則である．すなわち，あるトラバース線 l_i に対する緯距 L_i の調整量

ΔL_i, 経距 D_i に対する調整量 ΔD_i は，次式となる．

$$\Delta L_i = E_L \cdot \frac{|L_i|}{\sum_{i=1}^{n} |L_i|} \tag{6.21}$$

$$\Delta D_i = E_D \cdot \frac{|D_i|}{\sum_{i=1}^{n} |D_i|} \tag{6.22}$$

表 6.7 は表 6.5 で計算した緯距および経距をトランシット法則で調整した計算例である．

表 6.7 トランシット法則による調整計算

トラバース線	距離	緯距 +	緯距 −	経距 +	経距 −	緯距調整計算
A〜B	45.053		43.535	11.597		$0.004 \times \frac{43.535}{149.340} = 0.001$
B〜C	31.515		22.340	22.229		$0.004 \times \frac{22.340}{149.340} = 0.001$
C〜D	52.711	18.785		49.250		$0.004 \times \frac{18.785}{149.340} = 0.001$
D〜E	56.948	55.883			10.960	$0.004 \times \frac{55.883}{149.340} = 0.001$
E〜A	72.632		8.797		72.097	$0.004 \times \frac{8.797}{149.340} = 0$
合計	258.859	74.668	74.672	83.076	83.057	0.004
差			0.004		0.019	

トラバース線	経距調整計算	調整緯距 +	調整緯距 −	調整経距 +	調整経距 −
A〜B	$0.019 \times \frac{11.597}{166.133} = 0.001$		43.534	11.596	
B〜C	$0.019 \times \frac{22.229}{166.133} = 0.003$		22.339	22.226	
C〜D	$0.019 \times \frac{49.250}{166.133} = 0.006$	18.786		49.244	
D〜E	$0.019 \times \frac{10.960}{166.133} = 0.001$	55.884			10.961
E〜A	$0.019 \times \frac{72.097}{166.133} = 0.008$		8.797		72.105
合計	0.019	74.670	74.670	83.066	83.066
差					

6.4.7 合緯距，合経距

あるトラバース節点の X 軸上の距離を合緯距（total latitude），Y 軸上の距離を合経距（total departure）という．この距離は，あるトラバース節点を基準として調整緯距および調整経距の代数和としてそれぞれ求められる．合緯距，合経距は，作図を行うための計算であるので，あらかじめ，あるトラバース節点に適当な座標値を与えることにより，合緯距および合経距のすべての座標値が正の値になり，全トラバース節点を第Ⅰ象限に入れることができ，計算も簡単になって誤りも少なくなる．表 6.8 は表 6.6 のコンパス法則による調整の結果を使用した，合緯距および合経距の計算例である．

表 6.8 合緯距と合経距の計算

トラバース線	調整緯距 +	調整緯距 −	調整経距 +	調整経距 −	合緯距の計算	合経距の計算	合緯距	合経距
A〜B		43.534	11.594				100.000	100.000
B〜C		22.340	22.227		100.000 −) 43.534 56.466	100.000 +) 11.594 111.594	56.466	111.594
C〜D	18.786		49.246		56.466 −)22.340 34.126	111.594 +) 22.227 133.821	34.126	133.821
D〜E	55.884			10.964	34.126 +)18.786 52.912	133.821 +) 49.246 183.067	52.912	183.067
E〜A		8.796		72.103	52.912 +)55.884 108.796	183.067 −) 10.964 172.103	108.796	172.103
A〜B					108.796 −) 8.796 100.00 (検算)	172.103 −) 72.103 100.00 (検算)		

上記の計算例では，全トラバース節点の座標値を正の値（第Ⅰ象限）にするために，点 A の座標をそれぞれ 100.000 m として計算したものである．

6.4.8 トラバース節点の展開

トラバース測量の結果，求められた各トラバース節点に対する合緯距および合経距の

位置を図紙上に所定の縮尺でプロットする作業をトラバース節点の展開 (developement of traverse) という.

6.4.9 面積の計算

トラバース測量における計算の中で面積を求める方法には，次の二つの方法がある.

(1) 倍横距法

図 6.13 に示すトラバース $P_1P_2P_3P_4$ の面積を求める場合について説明すると，トラバース線 P_2P_3 の中点の Y 座標を M_2 とすれば，次のようになる.

$$M_2 = \frac{Y_2 + Y_3}{2} \tag{6.23}$$

$$\therefore \quad 2M_2 = Y_2 + Y_3 \tag{6.24}$$

M_2 をトラバース線 P_2P_3 の横距 (meridian distance) といい，$2M_2$ をトラバース線 P_2P_3 の倍横距 (double meridian distance) という．略して D.M.D. ともいう．ここで，式 (6.24) を書き換えると，

$$\begin{aligned} 2M_2 &= Y_2 + Y_3 = (Y_1 + Y_2) - Y_1 + Y_3 \\ &= (Y_1 + Y_2) + (Y_2 - Y_1) + (Y_3 - Y_2) \end{aligned} \tag{6.25}$$

となる．式 (6.25) より，

  倍横距 =（一つ前のトラバース線の倍横距）+（一つ前のトラバース線の経距）
    +（そのトラバース線の経距）

となる．したがって，これを一般式で表せば，第 $i-1$ トラバース線の倍横距を $2M_{i-1}$，その経距を D_{i-1}，第 i トラバース線の経距を D_i とすれば，

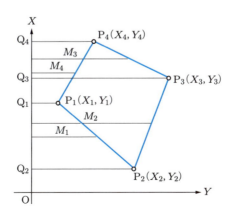

図 6.13 トラバースの面積

$$2M_i = 2M_{i-1} + D_{i-1} + D_i \tag{6.26}$$

と表される．ただし，第 1 トラバース線（トラバース線 P_1P_2）の倍横距 $2M_1$ は式 (6.25) と同様に，

$$2M_1 = Y_1 + Y_2 = Y_1 + Y_1 + (Y_2 - Y_1) = 2Y_1 + D_1 \tag{6.27}$$

となる．よって，トラバースの面積 A は，各トラバース節点から X 軸に下ろした垂線の足を Q_i とすれば，次式となる．

$$\begin{aligned}
A &= \square P_2P_3Q_3Q_2 + \square P_3P_4Q_4Q_3 - \square P_2P_1Q_1Q_2 - \square P_1P_4Q_4Q_1 \\
&= \frac{Y_3 + Y_2}{2}(X_3 - X_2) + \frac{Y_4 + Y_3}{2}(X_4 - X_3) \\
&\quad - \frac{Y_1 + Y_2}{2}(X_1 - X_2) - \frac{Y_4 + Y_1}{2}(X_4 - X_1)
\end{aligned} \tag{6.28}$$

$$\begin{aligned}
2A &= (Y_3 + Y_2)(X_3 - X_2) + (Y_4 + Y_3)(X_4 - X_3) \\
&\quad - (Y_1 + Y_2)(X_1 - X_2) - (Y_4 + Y_1)(X_4 - X_1)
\end{aligned} \tag{6.29}$$

ここで，トラバース線 P_2P_3 の緯距 $L_2 = X_3 - X_2$ とし，符号を考えて緯距 L_i を使用すれば式 (6.27)，(6.28) より，

$$2A = 2M_2 \cdot L_2 + 2M_3 \cdot L_3 - 2M_1 \cdot (-L_1) - 2M_4 \cdot (-L_4)$$

$$2A = \left| \sum_{i=1}^{n} 2M_i \cdot L_i \right| \tag{6.30}$$

が求められる．したがって，面積を計算すると $2A$ が求められるので，この $2A$ を倍面積（double area）という．表 6.9 は表 6.8 の調整緯距および調整経距の結果を使用した倍横距および倍面積の計算例である．ただし，式 (6.27) における $Y_1 = 100.000\,\mathrm{m}$ は合経距の第 1 トラバース線の値を使用した．

(2) 座標法

各トラバース節点の座標 (X, Y) のみを用いて，トラバースの面積を計算する方法を座標法という．いま，倍横距法の式 (6.29) を整理すると，

$$2A = X_1Y_4 + X_2Y_1 + X_3Y_2 + X_4Y_3 - X_1Y_2 - X_2Y_3 - X_3Y_4 - X_4Y_1$$

となる．そこで，図 6.14 のように X の項を右欄に，Y の項を左欄に並べて書き，矢印で結ばれた二つの座標の積の和を引けば倍面積が求められる．このとき，どちらからどちらを引いても，その結果の絶対値をとればよい．注意しなければならないことは，最後に最初のトラバース節点の座標を再び書くことである．表 6.10 は座標法における計算例である．

表 6.9 倍横距, 倍面積の計算

トラバース線	緯距 +	緯距 −	経距 +	経距 −	倍横距の計算	倍横距	倍面積 +	倍面積 −
A～B		43.534	11.594		$2 \times 100 + 11.594$ $= 211.594$	211.594		9211.5332
B～C		22.340	22.227		$211.594 + 11.594$ $+22.227 = 245.415$	245.415		5482.5711
C～D	18.786		49.246		$245.415 + 22.227$ $+49.246 = 316.888$	316.888	5953.0580	
D～E	55.884			10.964	$316.888 + 49.246$ $-10.964 = 355.170$	355.170	19848.3203	
E～A		8.796		72.103	$355.170 - 10.964$ $-72.103 = 272.103$	272.103		2393.4180

検算
$272.103 - 72.103$
$+11.594 = 211.594$

25801.3783　17087.5233
−)17087.5233
2) 8713.8550 …$2A$(倍面積)
4356.9275 …A(面積)

表 6.10 座標法の計算

図 6.14 座標法

演習問題

6.1 図 6.15 のトラバースの名称を記入せよ.

6.2 次の文は，トラバース測量について述べたものである．( ) 内に適切な語句を入れよ．

(1) トラバースの種類は，(①)，開放トラバース，(②) の 3 種類に分けられる．

(2) 閉合トラバースの内角を測角する場合には，内角と外角の思い違いをしないように，機械的にトラバースを (③) に，測角は (④) の読みをとるとよい．

(3) 方位角は，(⑤) を 0° として右回りに 360° までの角度で表すが，(⑥) は南北線を基準として四つに別けて (⑦) 以下の角度で表す．

(4) 緯距はトラバース線を (⑧) に投影した長さであり，経距は (⑨) に投影した長さである．

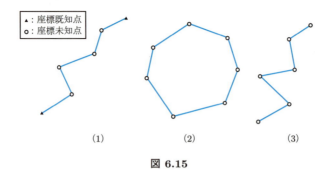

図 6.15

(5) 緯距では S から N へ向かうものを（⑩），N から S へ向かうものを（⑪）とし，経距では W から E へ向かうものを（⑫），E から W へ向かうものを（⑬）の符号で表す．

6.3 表 6.11 のように閉合トラバースの内角を測定した．内角の閉合誤差を求めて，各角を調整せよ．

表 6.11

トラバース節点	測定値	調整量	調整測定値
A	89°36′40″		
B	111 44 40		
C	82 07 40		
D	76 29 40		
計			

6.4 図 6.16 のように閉合トラバースの内角を測定した．このとき，トラバース節点 A の方位角を測定したところ，165°05′00″ であった．各トラバース線の方位角と方位を求めよ．

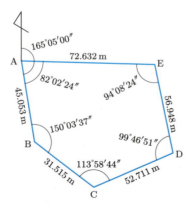

図 6.16

6.5 表 6.12 の方位より方位角を求めよ．

表 6.12

トラバース節点	方　位	方位角
A	N 79°26′34″ W	
B	S 47 08 18　W	
C	S 32 39 42　E	
D	S 80 17 56　W	
E	S 36 32 04　W	

6.6 路線長 2.5 km の結合トラバースにおいて，閉合比の制限を 1/10000 とするとき，許容される閉合誤差を求めよ．

6.7 トラバース測量において，次の結果を得た．このときの閉合比を求め，閉合比の制限を 1/5000 とするときの再測の可否を判断せよ．

　　距離の総和　　　1240 m
　　緯距の閉合誤差　−0.12 m
　　経距の閉合誤差　+0.23 m

6.8 表 6.13 の測量結果に基づいて閉合誤差と閉合比を求めよ．また，閉合比は許容範囲内にあるものとしてコンパス法則により調整せよ．

表 6.13

トラバース節点	距離	緯距 +	緯距 −	経距 +	経距 −	調整緯距 +	調整緯距 −	調整経距 +	調整経距 −
A	31.99		2.946	31.803					
B	36.75	33.682		14.703					
C	37.53	20.807			31.232				
D	53.85		51.623		15.334				
計									

6.9 表 6.14 の測量結果に基づいて閉合誤差と閉合比を求めよ．また，閉合比は許容範囲内にあるものとしてトランシット法則により調整せよ．

表 6.14

トラバース節点	距離	緯距 +	緯距 −	経距 +	経距 −	調整緯距 +	調整緯距 −	調整経距 +	調整経距 −
A	74.00	13.218		67.238					
B	51.00		64.723	40.517					
C	110.16		29.347		91.708				
D	109.70	90.160			21.398				
E	83.50		9.250	5.324					
計									

6.10 表 6.15 の調整緯距,調整経距より合緯距,合経距を求めよ.ただし,トラバース節点 A の合緯距,合経距を (100.00, 100.00) とする.

表 6.15

トラバース節点	調整緯距		調整経距		合緯距	合経距
	+	−	+	−		
A	32.42		62.53		100.00	100.00
B		41.50	57.56			
C		76.78		26.18		
D	30.37			83.81		
E	55.49			10.10		
計						

6.11 演習問題 6.10 の合緯距,合経距より,倍横距法を用いて面積を求めよ.

表 6.16

トラバース節点	調整緯距		調整経距		倍横距	倍面積	
	+	−	+	−		+	−
A	32.42		62.53				
B		41.50	57.56				
C		76.78		26.18			
D	30.37			83.81			
E	55.49			10.10			
計							

6.12 演習問題 6.10 の合緯距,合経距より,座標法を用いて面積を求めよ.

第7章

三角測量

7.1 三角測量とは

広い範囲の測量を実施しようとする場合，まず，精度のよい基準点を設置しなければならない．この基準点を設置するために，三角測量（triangulation）が行われる．それぞれの基準点を結んだ三角網（triangulation network）を組み，その中の一つの三角形の内角と1辺を基線（base line）として精密測定し，三角法の公式を応用して各辺の測線の長さを計算し，各基準点，すなわち三角点（triangulation station）の位置を正確に求める方法が三角測量である．

7.2 三角測量の原理

図 7.1 に示す三角形 ABC において，辺 AB を基線とすると，その長さ S を精密に測定する．次に，三角形それぞれの内角 $\angle A = \alpha$，$\angle B = \beta$，$\angle C = \gamma$ を測定し，既知とすれば，正弦定理により次式が成り立つ．

$$\frac{\mathrm{BC}}{\sin\alpha} = \frac{\mathrm{AC}}{\sin\beta} = \frac{S}{\sin\gamma} \tag{7.1}$$

これより，

$$\mathrm{BC} = S\frac{\sin\alpha}{\sin\gamma},\ \mathrm{AC} = S\frac{\sin\beta}{\sin\gamma} \tag{7.2}$$

となる．したがって，図 7.2 のように連続した三角形の場合も式 (7.2) によって求めた辺 BC を共有し，3 角が測定されているので，辺 BC を既知として次の三角形の 2 辺を求めることができ，最終的に全辺長および全座標を計算により求めることができる．

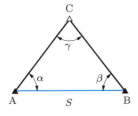

図 7.1 三角測量の原理

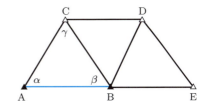

図 7.2 三角測量の原理

7.3 三角点の等級

広い範囲の測量において，すべての三角点を同一の精度で測定することは効率的ではない．三角点を設置する場合，まず全体の基準となる点を全国を網羅するように最も高い精度で 1 辺約 45 km の三角網で設置する．この点を一等三角点という．この一等三角点を基準として順次小さい三角形をつくり，それより精度の低い三角点を定める．各等級の三角点を総称して基本三角点という．表 7.1 は各等級三角点の概要を示したものである．

表 7.1　各等級三角点の概要

区分 等級		平均辺長 [km]	配点密度 [点/km^2]	水平角観測法	三角形閉合差 ['']
一等三角点	本点	45	1/1600	方向観測法 12 対回	01
	補点	25	2/1600	方向観測法　6 対回	02
二等三角点		8	1/8	方向観測法　6 対回	05
三等三角点		4	1/8	方向観測法　3 対回	10
四等三角点		1.5	1/2	方向観測法　2 対回	20

7.4 三角点の配列

広い範囲の測量において，図 7.3(a) で示すように三角点をそれぞれ結び合わせて三

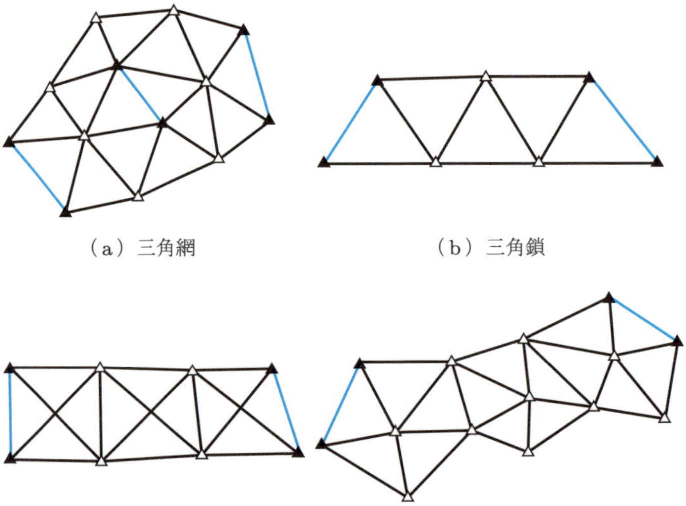

（a）三角網　　　　　　　　（b）三角鎖

（c）四角形鎖　　　　　　　（d）有心多角形鎖

図 7.3　三角網，各種の鎖

角形の網目でおおったものを三角網といい，最初の三角形に選んだ1辺を基線という．また，誤差の点検のためにところどころに基線を設置する．

　狭い範囲の測量で距離が長い場合には，図 7.3(b)〜(d) に示すような各種の基本形を地形の形状と測量結果に期待する精度により使い分ける必要がある．図 (a) のような三角網は，測量区域全体を一様な密度の三角形で覆ったもので地形測量に適している．図 (b)〜(d) のような三角鎖は，遠く離れた2点の関係を定めるときや，路線測量・トンネル測量・河川測量などに適している．また，これらの基本形では最終の三角形にも基線を設置するのが普通であり，これを検基線という．一般に，三角測量においては三角形の内角はすべて測定する．この場合，三角形の内角の和は 180° でなければならない．このように，各種の鎖により幾何学的に満足しなければならない条件式の数は決まってくる．条件式の数が多いほど，7.8 節で説明する調整計算により辺長の精度がよくなる．したがって，条件式の数が多いものを図形の強さ（strength of figure）が大きいという．

7.5　選　点

　選点は新しい三角点を設置する地点を選ぶ作業である．選点の良否により，その後の作業能率および測量の難易度による成果などに多大な影響を与えるので，十分注意する必要がある．選点した新しい三角点は既知三角点とともに図紙上に標示する．この新しい三角点に対する調整の方向を矢印で示した図面を選点図という．このとき，既知三角点だけから求めた点の次数を1次，既知三角点と1次点から求められる点の次数を2次といい，以下同様に3次，4次となり，4次点は3次点より精度が劣るので，低次であるという．

　このように，次数とは新しい三角点を求める際の序列のことである．図 7.4 は選点図を示したものである．

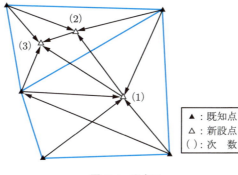

図 7.4　選点図

選点する場合に注意しなければならないことを以下に示す.
① 三角点の数はなるべく少なくし，測量地域における密度がほぼ均等になるようにする.
② 正弦定理によって辺長計算を行う際に，角誤差の影響を小さくするため，三角形はなるべく正三角形に近くなるようにし，各内角は30～120°の範囲になるようにする.
③ 新設三角点は3～5の既知三角点に囲まれ，各既知三角点から等距離にあって高低差が少なく相互に見通しが十分できる場所とする.
④ 新設三角点の次数は要求精度によって異なるが，3次程度までとし，最大でも5次までとする.
⑤ 新設三角点の地盤は，長い保存に耐えられるよう，堅固で移動，沈下のおそれがない地点を選ぶ.

7.6 造 標

選点が終了すると，その点を地上に標示するためと，ほかの三角点から視準するための測標（signal）を設置しなければならない．この作業を造標（signal building）という．測標は図7.5に示すように各種あり，地形条件および観測精度により使用する測標が決定される.

測標に要求される条件としては，遠くからでも周囲のものと識別が容易であることと，視準距離に応じて測標の中心（心柱）がトランシットの十字線で等分できる太さの心柱を使用することなどである.

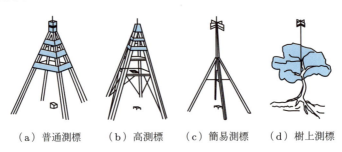

（a）普通測標　（b）高測標　（c）簡易測標　（d）樹上測標

図 7.5　各種測標

7.7 偏心補正

測標の設置が終了すると，水平角の観測に移る．このとき，三角点（標石の中心），観測点（測角器械の中心），視準点（測標の中心）の三つの中心が同一鉛直線中になけれ

ばならない.しかし,何らかの原因により,同一鉛直線中にない場合,偏心していると
いい,次の場合には,その偏心距離 (distance of eccentricity) と偏心角 (eccentricity
angle) を測定して,計算により補正しなければならない.
① 三角点と視準点は同一鉛直線中にあるが,観測点が偏心 (eccentricity of observa-
   tion point) している場合
② 観測点と三角点は同一鉛直線中にあるが,測標が偏心 (eccentricity of signal) し
   ている場合
　偏心距離と偏心角を偏心要素 (elements of eccentricity) といい,これによって水
平角の観測角を補正することを偏心補正 (reduction to center) という.

7.7.1 観測点における偏心 ●●●●●●

図 7.6 において,偏心補正量 x_0, x_1 を求める場合,点 A～C は三角点であり,いま,
点 A には測角器械が据え付けられないので,∠BAC を求める場合は,点 A' を選んで
偏心距離 AA' $= e$, AB $= d_1$ とし,A'B を基準として A'A までの偏心角 ϕ, ∠BA'C
を観測角 β とすれば,次のようになる.

$$\angle \text{BAC} + x_0 = \angle \text{BA}'\text{C} + x_1$$
$$\therefore \quad \angle \text{BAC} = \angle \text{BA}'\text{C} - x_0 + x_1 \tag{7.3}$$

ここで,△AA'B より $\alpha = 360° - \phi$ とすれば,次式となる.

$$\frac{\sin x_0}{e} = \frac{\sin \alpha}{d_1}$$
$$\therefore \quad \sin x_0 = \frac{e}{d_1} \sin \alpha \tag{7.4}$$

$$\therefore \quad x_0'' = \rho'' \frac{e}{d_1} \sin \alpha + \frac{1}{6} \rho'' \left(\frac{e}{d_1} \sin \alpha \right)^3 + \cdots \tag{7.5}$$

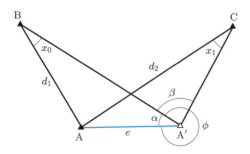

図 7.6　観測点の偏心

ρ'' は 1 rad を秒で表したものである．第 2 項以下は非常に小さく無視すると，

$$x_0 = \rho'' \frac{e}{d_1} \sin \alpha = 206265'' \frac{e}{d_1} \sin \alpha \tag{7.6}$$

となる．x_1 についても $\triangle \mathrm{AA'C}$ より同様に求めれば，次のようになる．

$$x_1 = \rho'' \frac{e}{d_2} \sin(\alpha + \beta) = 206265'' \frac{e}{d_2} \sin(\alpha + \beta) \tag{7.7}$$

例題 7.1 図 7.6 において，三角点 A に器械が据えられないので，点 A' に器械を据えて $\beta = 39°26'20''$ を得た．このときの $\angle \mathrm{BAC}$ を求めよ．ただし，$e = 1.500\,\mathrm{m}$，$\phi = 310°28'40''$，$d_1 = 1.0\,\mathrm{km}$，$d_2 = 1.5\,\mathrm{km}$ とする．

解

$$\alpha = 360° - \phi = 360° - 310°28'40'' = 49°31'20''$$

式 (7.6)，(7.7) より，次のようになる．

$$x_0 = 206265'' \frac{1.5}{1000} \sin 49°31'20'' = 03'55''$$

$$x_1 = 206265'' \frac{1.5}{1500} \sin(49°31'20'' + 39°26'20'') = 03'26''$$

したがって，求める水平角 $\angle \mathrm{BAC}$ は次式となる．

$$\angle \mathrm{BAC} = \beta + (x_1 - x_0) = 39°26'20'' + (03'26'' - 03'55'') = 39°25'51''$$

答 $39°25'51''$

7.7.2 測標における偏心

図 7.7 において，$\angle \mathrm{ABC}$ を観測しようと点 B に測角器械を据えたとき，点 C が視準できない場合，近くに任意の点 C' を設置して $\angle \mathrm{ABC'}$ を観測する．ここで，偏心距

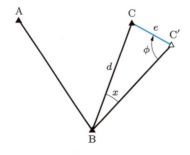

図 **7.7** 測標の偏心

離 $CC' = e$,辺 $BC = d$,BC' と CC' がなす偏心角を ϕ とすると,次のようになる.

$$\angle ABC = \angle ABC' - x \tag{7.8}$$

$$\frac{\sin x}{e} = \frac{\sin \phi}{d}$$

$$\therefore \quad x'' = \rho'' \frac{e}{d} \sin \phi = 206265'' \frac{e}{d} \sin \phi \tag{7.9}$$

7.8 測定角の調整条件

三角測量では,一つの基線と三角網を構成する各三角形のすべての角を測角することにより,三角点の座標を決定することができる.しかし,測定角には必ず誤差が含まれるので,各測定角の誤差を合理的に調整配分し,その最確値が三角網の幾何学的条件を満足させるようにしなければならない.この場合の必要な幾何学的条件には次の二つがある.

7.8.1 測点条件

測点条件(station condition)は,ある一つの測点の周りに依存する各角相互の間に成立する条件であり,局所条件(local condition)ともいう.
① 一つの測点におけるそれぞれの角の和は,それら全体の角を1角として測った角に等しい(図 7.8(a)).
② 一つの測点の周りにおけるすべての角の和は 360° に等しい(図 7.8(b)).
これらの条件式を測点方程式(station equation)という.

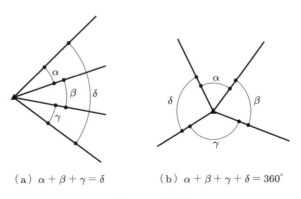

(a) $\alpha + \beta + \gamma = \delta$ （b) $\alpha + \beta + \gamma + \delta = 360°$

図 7.8 測点条件

7.8.2　図形条件

　図形条件（figure condition）は，三角網において角と辺で閉合図形を成り立たせるための幾何学的条件のことであり，一般条件（general condition）ともいう．

① 三角形の内角の和は180°である（図7.9(a)）．この条件は角条件と呼ばれ，条件式は角方程式（angle equation）という．
② 三角網中にある任意の一辺の長さは，辺長計算の経路には無関係につねに一定である（図7.9(b)）．この条件は辺条件と呼ばれ，これより導かれる方程式を辺方程式（side equation）という．

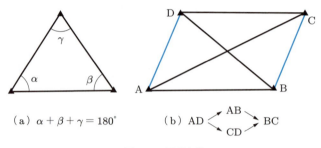

図 7.9　図形条件

7.9　条件式の数

7.9.1　測点方程式の数

　いま，ある測点から出ている全測線の数を N とすれば，この測線によってできる角の数は $(N-1)$ である．したがって，1測点で観測した全角数を w とすれば，各測点ごとの測点方程式は次のようになる．

$$\text{測点方程式の数} = w - (N-1) = w - N + 1 \tag{7.10}$$

7.9.2　角方程式の数

　1測線を両側から観測した場合，角は観測されたことになるが，片側だけからの観測では角条件を満たすことができないので，観測条件として取り扱わなくてよい．いま，片側の観測の測線数を N'，全測線数を N とすると両側から観測した測線数は $(N-N')$ となる．三角点 M 個のうち，ある1測点に全部の三角点を結合させると測線数は $(M-1)$ である．これに一つの測線が結合するごとに一つの三角形が形成され，角条件が生じる．したがって，次式のように両側から観測した測線数 $(N-N')$ と $(M-1)$ の差が角方程式の数である．

$$\text{角方程式の数} = (N-N') - (M-1) = N - N' - M + 1 \tag{7.11}$$

7.9.3 辺方程式の数

基線の両側測点以外の測点位置を決定するには，1 測点につき 2 測線が必要である．すなわち，三角点の全測点数を M とすると，基線が一つ与えられている場合，その両側の測点を除いた $(M-2)$ 個の測点を決めるには $2(M-2)$ 個の測線が必要となる．したがって，これに基線 1 本を加えた測線の数だけの条件式になる．いま，全測線数を N とすると，次式が成り立つ．

$$\text{辺方程式の数} = N - \{2(M-2)+1\} = N - 2M + 3 \tag{7.12}$$

基線が二つ以上になれば，基線が一つ増えるごとに辺条件が一つ増えるので，基線の総数を B とすると，式 (7.12) に $(B-1)$ を加えた次式が辺方程式の数となる．

$$\text{辺方程式の数} = N - 2M + 3 + (B-1) = N + B - 2M + 2 \tag{7.13}$$

7.9.4 条件式の総数

辺方程式の数と同様に，M を三角点の総数とすれば，各三角点の位置を決定するために必要な観測角は $2(M-2)$ である．したがって，基線が一つ与えられている場合，次式のように全観測角数 w より $2(M-2)$ を引いた値が条件式となる．

$$\text{条件式の総数} = w - 2(M-2) = w - 2M + 4 \tag{7.14}$$

基線が二つ以上になれば，$(B-1)$ の条件がさらに加わり，次式となる．

$$\text{条件式の総数} = w - 2M + 4 + (B-1) = w + B - 2M + 3 \tag{7.15}$$

表 7.2 は各条件式数の一例である．

表 7.2 条件式数

各種三角網図				
観測角総数 ω	8	5	15	18
全測線総数 N	6	5	11	12
片方測線総数 N'	0	1	0	0
全測点総数 M	4	4	7	7
基線総数 B	1	2	2	2
角方程式の数	3	1	5	6
辺方程式の数	1	1	1	2
条件式の総数	4	2	6	9

7.10 四辺形の調整

図 7.10 に示すような四辺形の場合，AB を基線として $\theta_1 \sim \theta_8$ の八つの内角を観測したときの調整法は次のようである．まず，条件式の数を求めると式 (7.11), (7.13),

(7.15) より全測線総数 $N = 6$, 全測点総数 $M = 4$, 基線総数 $B = 1$, 観測角総数 $w = 8$ となり

角方程式の数 $= 3$, 辺方程式の数 $= 1$, 条件式の総数 $= 4$

となる. 図 7.10 のような場合は, 角条件として以下のようなものが考えられる.

$$\theta_1 + \theta_2 + \theta_3 + \theta_4 = 180° \tag{7.16}$$

$$\theta_3 + \theta_4 + \theta_5 + \theta_6 = 180° \tag{7.17}$$

$$\theta_5 + \theta_6 + \theta_7 + \theta_8 = 180° \tag{7.18}$$

$$\theta_7 + \theta_8 + \theta_1 + \theta_2 = 180° \tag{7.19}$$

$$\theta_1 + \theta_2 = \theta_5 + \theta_6 \tag{7.20}$$

$$\theta_3 + \theta_4 = \theta_7 + \theta_8 \tag{7.21}$$

$$\theta_1 + \theta_2 + \theta_3 + \theta_4 + \theta_5 + \theta_6 + \theta_7 + \theta_8 = 360° \tag{7.22}$$

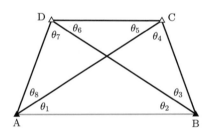

図 7.10　角の調整

式 (7.16)〜(7.22) によると角条件は 7 式あるが, このうちの任意の 3 式を選んで角条件として使用する. 辺条件の場合は, 各三角形について考えると次のようになる.

$$\frac{\mathrm{BC}}{\sin\theta_1} = \frac{\mathrm{AB}}{\sin\theta_4},\ \frac{\mathrm{CD}}{\sin\theta_3} = \frac{\mathrm{BC}}{\sin\theta_6},\ \frac{\mathrm{AD}}{\sin\theta_5} = \frac{\mathrm{CD}}{\sin\theta_8},\ \frac{\mathrm{AB}}{\sin\theta_7} = \frac{\mathrm{AD}}{\sin\theta_2} \tag{7.23}$$

式 (7.23) より,

$$\sin\theta_1 \cdot \sin\theta_3 \cdot \sin\theta_5 \cdot \sin\theta_7 = \sin\theta_2 \cdot \sin\theta_4 \cdot \sin\theta_6 \cdot \sin\theta_8$$

$$\frac{\sin\theta_1 \cdot \sin\theta_3 \cdot \sin\theta_5 \cdot \sin\theta_7}{\sin\theta_2 \cdot \sin\theta_4 \cdot \sin\theta_6 \cdot \sin\theta_8} = 1 \tag{7.24}$$

となる. ここで, 図 7.10 の四辺形において, 以下の観測値を得た場合の調整を, 角条件と辺条件に分けて説明する.

$$\theta_1 = 45°05'30.0'', \ \theta_2 = 43°24'30.0'', \ \theta_3 = 27°46'30.0'', \ \theta_4 = 63°43'27.5''$$
$$\theta_5 = 61°45'45.0'', \ \theta_6 = 26°44'30.0'', \ \theta_7 = 44°20'37.5'', \ \theta_8 = 47°09'45.0''$$

7.10.1 角条件の調整

ここでは,式 (7.20)~(7.22) の 3 条件式を立てることにする.

式 (7.22) より,

$$\theta_1 + \theta_2 + \theta_3 + \theta_4 + \theta_5 + \theta_6 + \theta_7 + \theta_8 - 360° = 35''$$

となる.8 角で 35'' 多いので,同じ条件で角観測が行われているものとして,これを 8 角に分配する.

$$v_1 = -\frac{35''}{8} = -04.3''(2\,角),\ -04.4''(6\,角)$$

式 (7.20) より,

$$\theta_1 + \theta_2 - \theta_5 - \theta_6 = -15''$$

となる.この差は 4 角に分配する.

$$v_2 = \frac{15''}{4} = 03.7''(2\,角),\ 03.8''(2\,角)$$

この調整量を対角和の小さいほうに加えて,大きいほうから引く.同様に,式 (7.21) より,

$$\theta_3 + \theta_4 - \theta_7 - \theta_8 = -25''$$
$$v_3 = \frac{25''}{4} = 06.2''(2\,角),\ 06.3''(2\,角)$$

となる.この結果を表 7.3 に示す.

表 7.3 角条件の調整

角	観測角	調整量 v_1	対角和	調整量 v_2	調整量 v_3	調整量合計	角条件調整角
θ_1	45°05'30.0''	−04.4''	}88°30'00''	+03.7''		−00.7''	45°05'29.3''
θ_2	43 24 30.0	−04.4		+03.8		−00.6	43 24 29.4
θ_3	27 46 30.0	−04.3	}91 29 57.5		+06.2''	+01.9	27 46 31.9
θ_4	63 43 27.5	−04.4			+06.3	+01.9	63 43 29.4
θ_5	61 45 45.0	−04.4	}88 30 15	−03.7		−08.1	61 45 36.9
θ_6	26 44 30.0	−04.3		−03.8		−08.1	26 44 21.9
θ_7	44 20 37.5	−04.4	}91 30 22.5		−06.2	−10.6	44 20 26.9
θ_8	47 09 45.0	−04.4			−06.3	−10.7	47 09 34.3
	360°00'35.0''	−35.0		00.0''	00.0''	−35.0''	360°00'00.0''

7.10.2 辺条件の調整

ここで，辺条件の調整は角条件調整角について調整を行う．ここでは，三角関数の真数を用いて調整する方法を簡単に示す．

式 (7.24) より，

$$T_1 = \sin\theta_1 \cdot \sin\theta_3 \cdot \sin\theta_5 \cdot \sin\theta_7 = 0.203220$$

$$T_2 = \sin\theta_2 \cdot \sin\theta_4 \cdot \sin\theta_6 \cdot \sin\theta_8 = 0.203290$$

を計算する．

これより，角観測誤差 w を計算する．

$$w = \left(\frac{T_1}{T_2} - 1\right)\rho'' = -70.69''$$

各角に対する cot を求めてその総和を計算すると，各角に対する補正量 v_4 は次式で求められる．

$$v_4 = \frac{w}{\sum \cot\theta} = -07.9''$$

ここで，$T_1 < T_2$ なので T_1 の角に $+07.9''$，T_2 の角に $-07.9''$ をそれぞれ加えるものとする．この結果を表 7.4 に示す．

表 7.4 辺条件の調整

角	角条件調整角	sin	cot	補正量 v_4	辺条件調整角
θ_1	45°05′29.3″	0.708235	0.996812	+07.9″	45°05′37.2″
θ_3	27 46 31.9	0.466009	1.898634	+07.9	27 46 39.8
θ_5	61 45 36.9	0.880975	0.537089	+07.9	61 45 44.8
θ_7	44 20 26.9	0.698925	1.023279	+07.9	44 20 34.8

$$T_1 = 0.203220$$
$$\sum \cot = 4.455814$$

角	角条件調整角	sin	cot	補正量 v_4	辺条件調整角
θ_2	43°24′29.4″	0.687191	1.057168	−07.9″	43°24′21.5″
θ_4	63 43 29.4	0.896678	0.493692	−07.9	63 43 21.5
θ_6	26 44 21.9	0.449933	1.984876	−07.9	26 44 14.0
θ_8	47 09 34.3	0.733250	0.927323	−07.9	47 09 26.4

$$T_2 = 0.203290$$
$$\sum \cot = 4.463059$$

7.11 三辺測量

精度のよい基準点の位置を決定する手法として，以前は前述した三角測量の方法が多用されてきた．しかし，近年，トータルステーションなどを利用し，2点間の距離を短時間にまた高精度に測定できるようになってきたため，3辺を測定する三辺測量（trilateration）と呼ばれる方法が用いられるようになってきた．三辺測量はほかの測量方法と組み合わせて広い範囲で利用されている．

7.11.1 条件式の数

測角を行わずに測距のみを行った三角網において，三角点の総数を M，測定測線数を N とすると，基線がない場合に最初の三角形の測点を決めるには3辺の測線長が必要である．1個の測点を決定するために2測線が必要であるため，残りの $(M-3)$ 個の測点を決めるには，さらに $2(M-3)$ 個の測線が必要となる．したがって，基線がないときの条件式の数は次式となる．

$$\text{条件式の数} = N - \{2(M-3)+3\} = N - 2M + 3 \tag{7.25}$$

基線が B 個ある場合は，既知の測点は $2B$ 個となり，残りの測点 $(M-2B)$ 個を決める測線は $2(M-2B)$ 個である．したがって，基線があるときの条件式の数は次式となる．

$$\text{条件式の数} = (N-B) - 2(M-2B) = N - 2M + 3B \tag{7.26}$$

7.11.2 四辺形の調整

図 7.11 に示す四辺形において，辺 $a \sim c$ の測線長を知ることにより測点 C を決定し，辺 a, d, f の測線長を知ることにより測点 D を決定することができる．したがって，5辺を測定することにより，この四辺形を確定することができる．ここで，条件式の数は $N = 5$，$M = 4$ であるので式 (7.25) より，

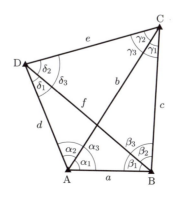

図 **7.11** 四辺形の調整

条件式の数 $= 0$

となる．しかし，6辺を測定することにより $N=6$, $M=4$ となり，式 (7.25) より，

条件式の数 $= 1$

となる．1個の条件式には，たとえば △ABC と △ADC において点 A の周りの角 α_1, と α_2 の和は α_3 に等しいという関係を満足しなければならない．すなわち，

$$\alpha_1 + \alpha_2 = \alpha_3 \tag{7.27}$$

となる．
　△ABC，△ACD，△ABD において余弦定理を適用すると，

$$\triangle \text{ABC} : \cos\alpha_1 = \frac{a^2 + b^2 - c^2}{2ab} \tag{7.28}$$

$$\triangle \text{ACD} : \cos\alpha_2 = \frac{b^2 + d^2 - e^2}{2bd} \tag{7.29}$$

$$\triangle \text{ABD} : \cos\alpha_3 = \frac{a^2 + d^2 - f^2}{2ad} \tag{7.30}$$

となる．測線 $a \sim c$ の測定値 $a' \sim c'$ による $\alpha_1 \sim \alpha_3$ の計算値を $\alpha_1' \sim \alpha_3'$ とし，補正量 $v_a \sim v_c$ による角 $\alpha_1 \sim \alpha_3$ の補正量を $v_{\alpha_1} \sim v_{\alpha_3}$ で表す．測線に含まれる誤差に対する角度の補正量を求めるために，式 (7.28) の全微分をとり，さらに正弦定理

$$\frac{a'}{\sin\gamma_1'} = \frac{b'}{\sin\beta_3'} = \frac{c'}{\sin\alpha_1'}$$

を代入すれば，

$$v_{\alpha_1} = -\frac{\cot\beta_3'}{a'}v_a - \frac{\cot\gamma_1'}{b'}v_b + \frac{\operatorname{cosec}\beta_3'}{a'}v_c$$

となる．同様に，

$$v_{\alpha_2} = -\frac{\cot\gamma_2'}{b'}v_b - \frac{\cot\delta_3'}{d'}v_d + \frac{\operatorname{cosec}\gamma_2'}{b'}v_e$$

$$v_{\alpha_3} = -\frac{\cot\beta_1'}{a'}v_a - \frac{\cot\delta_1'}{d'}v_d + \frac{\operatorname{cosec}\beta_1'}{a'}v_f$$

となる．ここで，式 (7.27) より角の閉合誤差 w は次のようになる．

$$\begin{aligned} w &= \alpha_1' + \alpha_2' - \alpha_3' \\ &= \cos^{-1}\frac{a'^2 + b'^2 - c'^2}{2a'b'} + \cos^{-1}\frac{b'^2 + d'^2 - e'^2}{2b'd'} \\ &\quad - \cos^{-1}\frac{a'^2 + d'^2 - f'^2}{2a'd'} \end{aligned}$$

したがって，補正量に関しての条件式 ϕ は次式となる．

$$\phi = v_{\alpha_1} + v_{\alpha_2} - v_{\alpha_3} - w$$
$$= \frac{1}{a'}(\cot\beta_1' - \cot\beta_3')v_a - \frac{1}{b'}(\cot\gamma_1' + \cot\gamma_2')v_b$$
$$+ \frac{\mathrm{cosec}\,\beta_3'}{a'}v_c + \frac{1}{d'}(\cot\delta_1' - \cot\delta_3')v_d$$
$$+ \frac{\mathrm{cosec}\,\gamma_2'}{b'}v_e - \frac{\mathrm{cosec}\,\beta_1'}{a'}v_f - w$$
$$\therefore \quad \phi = 0$$

これより，
$$F = v_a{}^2 + v_b{}^2 + v_c{}^2 + v_d{}^2 + v_e{}^2 + v_f{}^2 - 2\lambda\phi$$
を最小とする $v_a, v_b, \cdots, v_f$ を求めればよい．

演習問題

7.1 次の文章は，基本測量の三角点について述べたものである．間違っているものを選べ．
(1) 原点の西側にある三角点では，真北方向角の符号は正 (+) である．
(2) 三角点の水平位置は，緯度・経度のほかに平面直角座標でも表示される．
(3) 距離は準拠楕円体面上の距離で表示されている．
(4) 方位角を求めるには，方向角からその点の真北方向角を引けばよい．
(5) 方向角は，その点の通る子午線を基準として北から右回りに測った角である．

7.2 三等三角点は平均辺長約 4km である．この三角点の占める面積を求めよ．

7.3 図 7.12 の点 A において，点 B が見通せないため，点 C において偏心観測を行った．このときの偏心補正量を求めよ．ただし，AB = 1414.214 m，$e = 2.000$ m，$\phi = 315°00'$ とする．

7.4 図 7.13 の点 A において，∠BAC を観測しようとしたところ，点 AB 間が見通せないため，既知点 B を点 D に偏心して観測を行い，AB = 1700.00 m，$e = 3.00$ m，$\phi = 60°00'00''$，$\alpha = 85°30'10''$ の結果を得た．∠BAC を求めよ．

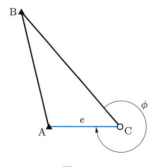

図 7.12

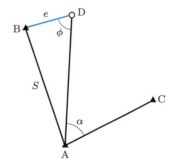

図 7.13

第8章 平板測量

8.1 平板測量とは

　平板測量（plane table surveying）とは，大縮尺（1/2500以上）の地形図作成のための地上測量の方法であり，平板器械・器具を用いて，地上の建物の距離，角度，高さなどの測定結果を直接作図していく測量方法のことである．したがって，高い精度は望めないが，使用器械・器具および作業方法ともに簡単であり，迅速に作業ができ，マンホール，消火栓，外灯，樹木などの測り忘れや測定場所の誤りも点検用の測定を行うことにより図面の正確さを確かめながら作業することができる．平板測量は，トラバース測量やその他の測量によって位置の確定した点を基準として，その付近を細部測量するのにきわめて便利であり，広く用いられている．

　平板測量は，次のような長所をもっている．
① 現場で直接図面を作成するため，野帳を使用する必要がない．
② 現場で図面を作図するので，その場で地形，構造物の確認をしながら作図することができる．
③ 作業が簡単なため，あまり熟練を必要とせず迅速に測量ができる．
④ 器械・器具が小型軽量なため，運搬に便利である．
⑤ 内業が少なくてすむ．

　一方，短所としては次のようなものがある．
① 外業が多いので，作業能率は天候に左右されやすい．
② 地形により作業能率が大きく異なる．
③ 図紙の伸縮が乾湿の影響を受けやすい．
④ あまり高い精度を期待することができない．

8.2 平板測量の精度

　平板測量の精度は現場で直接図面を作図するため，図紙上に標示した点が，その正しい位置より図紙上で何mmずれているかによって決められる．たとえば，国土調査法の作業規程準則では，プロットする図上誤差は0.2mm以内でなければならないと定められている．いま，図紙上で識別できる長さ（許容誤差）を0.2mmとすると，図の縮尺1/100では2cm，1/1000では20cm以下の測定距離が図紙上に標示できない．

すなわち，平板測量では，つくる図面の縮尺によって距離や方向の標示精度が変わってくる．このように，測量の精度の考え方がほかの測量とまったく異なっている．

8.3 平板測量に必要な器械・器具

8.3.1 測　板

　測板（drawing board）は図板ともいい，測量した結果を直接作図するために表面にケント紙を貼り，三脚の上に水平に取り付ける板である．その表面は平面でなければならないので，軽量でひずみの生じないヒノキなどの合板を使用している．隅には磁針箱を取り付ける穴があり，裏面の中央には三脚に固定するための金具が取り付けてある．大きさは，30×40 cm（小測板），40×50 cm（中測板），50×60 cm（大測板）のものがあり，中測板が広く使用され，厚さはいずれも2 cm程度である．

8.3.2 三　脚

　三脚（tripod）は軽くて丈夫なカシ製の割足三脚（split-leg tripod）がよく用いられる．三脚の頭部は，測板を水平に固定するために，次のようなものが一般的である．
① 図8.1に示すように，整準装置と移心回転装置を備えたもの．
② 図8.2に示すように，整準装置も移心回転装置もないもの．
③ 図8.3に示すように，球座使用により測板を水平にすることができるもの．
　測板と三脚の一対を平板と呼ぶ．

図 8.1　整準装置付き

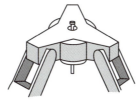
図 8.2　整準装置なし

図 8.3　球座使用

8.3.3 アリダード

　アリダード（alidade）は，目標を視準してその方向線を図紙上に描いたり，目標までの距離や高低差または傾斜角を求めたりするものである．アリダードには，視準板が付いた普通アリダード（peepsight alidade）と望遠鏡付きアリダード（telescope alidade）がある．

(1) 普通アリダード

　普通アリダードの構造は，図 8.4 に示すように基部とその前後に付いている視準板 (sight vane) から構成されている．アリダードの大きさは，前後視準板の内側間隔で表し，22 cm と 27 cm のものがある．基部には，測板を水平にするための気泡管（曲率半径 1.0～1.5 m）と方向線を引いたり，縮尺距離をとるための縮尺定規が付いており，定規は必要に応じて交換できるようになっている．

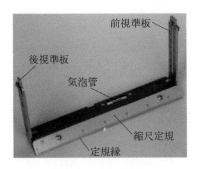

図 8.4　アリダード

　また，基部の前部には折りたたみ式の視準板が取り付けてあり，これを前視準板 (fore sight vane) といい，その中央に直径 0.2 mm 以下の視準糸 (peep thread) が張ってある．前視準板の内側には，距離と鉛直角を測るための目盛（分画）がある．この分画は両視準板の内側間隔の 1/100 になっている．後方のものは後視準板 (rear sight vane) といい，中央部の板が鉛直方向に引き出せるようになっており，その中央部には，目標物を視準するために上・中・下 3 個の視準孔 (peep hole) が直径 0.4～0.8 mm (0.5 mm が標準) の大きさであけられている．この視準孔と前視準板の視準糸で視準方向を決定する．また，後視準板の上・中・下 3 個の視準孔は，前視準板の 35，20，0 目盛の位置に対応しており，これを結ぶ線は定規の底面に平行となっている．また，基部の両端には気泡が少し偏位したときに視準方向に対して正しく水平にするための外心桿 (eccentric bar) が付いており，気泡管の気泡をわずかに移動させ，アリダードを一時的に水平にする役割をもっている．普通アリダードには，その構造上次のような誤差がある．

① 視準誤差：視準孔の直径と視準糸の太さから視準方向に生じる誤差であり，図上誤差の許容範囲を 0.2 mm とすれば方向線の長さは 10 cm 以下とすれば視準誤差の影響は考えなくてよい．

② 外心誤差：定規縁と視準線が隔たっており，同一鉛直面にないために生じる誤差である．図上誤差の許容範囲を 0.2 mm とすれば，表 8.1 に示すように縮尺が 1/200

表 8.1 外心距離 3 cm 時の図上誤差

縮　尺	図上誤差 [mm]
1/1000	0.03
1/500	0.06
1/300	0.10
1/200	0.15
1/100	0.30

より小さい場合は，外心誤差の影響は考えなくてよい．また，視準線と定規縁の間隔はずれている．これを外心距離という．外心距離を 3 cm とすれば，目標地点に立てたポールの左端を視準することにより，ポールの半径（15 mm）程度の影響は受けなくなる．

(2) 望遠鏡付きアリダード

遠くの目標が視準できるように望遠鏡を付け，視準の精度を上げたアリダードを望遠鏡付きアリダードという．図 8.5 に示すように，視準板の代わりに小型望遠鏡が取り付けてあり，鉛直目盛盤，バーニヤ，スタジア線を備えているため，間接水準測量やスタジア測量にも利用できる．

図 8.5　望遠鏡付きアリダード

8.3.4　求心器

求心器（plumbing arm）は，下げ振り（plumb bob）と組み合わせ，地上の測点と平板上の図上点を同一鉛直線中に入れるための図 8.6 のような器具である．このとき，地上の測点（実点）に対する平板上の図上点をその影点という．

図 8.6　求心器

8.3.5 磁針箱

磁針箱（declinator）は，平板の方位を定めたり，磁北方向を定めるためのもので，ねじで測板に取り付けて使用する．普通，図 8.7 に示すように長方形の金属箱の中に，長さ 7 cm か 10 cm の磁針（magnetic needle）が入っており，箱の長手方向の外縁は，磁針の N–S 線と平行になっており，磁北線（magnetic north）を描く場合に便利なようになっている．

図 8.7　磁針箱

8.3.6 測量針

測量針（surveying pin）は，アリダードで目標を視準する場合，平板を据え付けた影点に刺し，アリダードの定規縁をこれに合わせて目標を視準し，視準線を早く正確に引くために用いる針である．測量針はピアノ線でつくられており，直径は 0.32～0.65 mm で先端に向かって次第に細くなり，0.1 mm 以内の径で影点に刺針できることが必要である．長さは，通常 3.7 cm ぐらいである．最近では，測量針の代わりに図 8.8 に示す測針器を使用することが多くなった．測針器を使用することにより針の出具合いが調節でき，刺針における針の曲がりや倒れがなくなり，作業能率が上がるようになった．

図 8.8　測針器

8.3.7 図紙

図紙（sheet）は，伸縮が少なく，表面が平滑で鉛筆ののりがよく，紙質が細密なものでなければならない．精度の高い測量を行う場合は，アルミケント紙を用いるとよい．

8.3.8 鉛筆

平板測量に用いる鉛筆は黒色で，芯は粒子が微細で均一に書け，3H～5H 程度の硬さがよく，幅 0.1 mm 以内の細線を図紙上に表示できることが必要である．

8.4 平板の標定

平板を測点上の1点に据え付けるには，以下の3条件を満足しなければならない．
① 平板が水平（整準）
② 平板の位置（致心）
③ 平板の方向（定位）

この3条件を満足するように平板を据え付けることを，平板の標定（orientation of plane table）という．

8.4.1 整 準

整準（leveling）は，測板を三脚の整準装置を用いて水平にすることである．水平の検査はアリダードの気泡管により行う．いま，平板が水平から傾いているとき，図上誤差 q は次式で与えられる．

$$q = \frac{2a}{r} \cdot \frac{n}{100} l \tag{8.1}$$

ここで，a：気泡の偏位量，r：気泡管の曲率半径，n：分画数，l：図紙上の方向線長である．

いま，図上誤差 $q < 0.2\,\mathrm{mm}$ になるようにするためには，式 (8.1) を満たさなければならない．

$$\frac{2a}{r} \cdot \frac{n}{100} l < q\,(= 0.2\,\mathrm{mm})$$

ここで，$l = 100\,\mathrm{mm}$，$n = 20$，$r = 1\,\mathrm{m}$ とすれば，気泡の偏位量 a は，

$$a < 5\,\mathrm{mm}$$

となる．すなわち，図上誤差を 0.2 mm まで許すとすれば，気泡管の曲率半径が 1.0 m の場合，気泡が 5 mm まで偏位しても許されることになる．

例題 8.1 平板が水平から傾いていて，アリダードの気泡管曲率半径 1 m，分画の読み 10，方向線の長さ 20 cm であるとき，図上誤差を 0.2 mm まで許すとすれば測板の傾斜の限界を求めよ．

解

式 (8.1) より，

$$a = \frac{100 r q}{2 n l} = \frac{100 \times 1000 \times 0.2}{2 \times 10 \times 200} = 5\,\mathrm{mm}$$

となる．したがって，測板の傾斜は次のようになる．

$$\frac{a}{r} = \frac{5}{1000} = \frac{1}{200}$$

答　1/200

8.4.2 致心

致心（centering）は求心とも呼ばれ，影点と地上点が同一鉛直線中にあるようにすることである．求心器と下げ振りを用いて，影点に求心器の先端を合わせたときに，下げ振りの先が地上点をさすように平板を水平移動させる．一般に，致心による図上誤差 q は，次式で示される．

$$q = \frac{2}{m}e \tag{8.2}$$

ここに，m：縮尺分母，e：下げ振りのずれである．

ここで，図上誤差 $q = 0.2\,\mathrm{mm}$，縮尺 1/1000 のときの下げ振りと地上点のずれを求めてみると，

$$e = \frac{qm}{2} = \frac{0.2 \times 1000}{2} = 100\,\mathrm{mm} \tag{8.3}$$

となる．すなわち，縮尺 1/1000 の場合，下げ振りの先端は地上点から 10 cm 以内ならば精度に影響しない．これより，下げ振りのずれは縮尺に関係することがわかる．このことより，図上誤差を 0.2 mm とすると，式 (8.3) は次のように簡略に示すこともできる．

$$e = 0.1\,\mathrm{mm} \times (縮尺分母) \tag{8.4}$$

表 8.2 は図上誤差を 0.2 mm としたときの，それぞれの縮尺に対する致心誤差の許容範囲を示したものである．

表 8.2 致心誤差の許容範囲

縮 尺	許容範囲 [cm]
1/50000	500
1/10000	100
1/5000	50
1/1000	10
1/500	5
1/100	1

例題 8.2 平板測量において，地上の測点と平板上の影点の下げ振りのずれを 5 cm まで許すものとすれば，この作業が可能な縮尺 $1/m$ の限界を求めよ．ただし，図上誤差を $q = 0.2\,\mathrm{mm}$ とする．

解 式 (8.2) より，次のようになる．

$$\frac{1}{m} = \frac{q}{2e} = \frac{0.2}{2 \times 50} = \frac{1}{500}$$

答 1/500

8.4.3 定位

定位（orientation）は標定とも呼ばれ，平板の方向を定めることであり，図紙上の測線の方向と地上の測線の方向を一致させることである．定位の誤差は平板測量全体の精度に影響するので，とくに注意して行う必要がある．定位には，磁針による方法と，既知の測線による方法の二つの方法がある．

8.5 平板測量の分類

平板測量は，その目的によって次の2種類に分けることができる．
① **細部図根測量**：三角点やトラバース点だけでは基準点の数が少なく，細部測量が困難な場合，さらに基準となる図根点を増設する測量をいう．
② **細部測量**：あらかじめ与えられた基準点および増設した図根点を利用して，地形の細部について行う測量をいう．測量方法の分類を図 8.9 に示す．

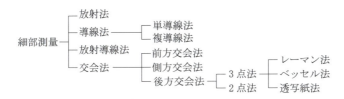

図 8.9 測量方法の分類

8.6 平板測量の方法

8.6.1 放射法

放射法（method of radiation）は，既知点に平板を据え，基準点を放射状に順次視準して距離を測定し，図面に縮尺でその基準点を作図していく方法である．まず，その地域全体を覆う基準点を設けて，それらの点の位置を所要の精度で測量する．これを骨組測量といい，障害物のない見通しのよい地形に適している．いま，図 8.10 で示すように既知点 O に平板を据え付け，測点 A～E の骨組みを測量する場合の手順は，次のようになる*.

① 既知点 O に全体の配置を考えて平板を据えて整準，致心を行い，図紙上に影点 o をとり，ここに測量針を立てる．
② この測量針にアリダードの定規縁を当てて点 A に立てたポールを視準し，方向線 oa を描く．

---

* この章では，地上の測点を点 O のように大文字で表し，図紙上の影点を点 o のように小文字で表す．

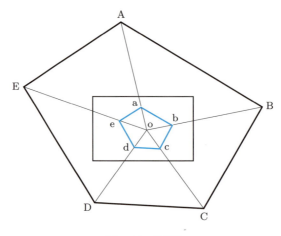

図 8.10　放射法

③ OA の距離を測り，縮尺から図上距離 oa を求め，影点 a を決定する．
④ 以下，同様の手順で B〜E の影点を決定し，骨組み図を作成する．
⑤ 最後に，AB 間などの距離を測り，図上距離 ab と比較することにより，測量結果を点検する．

8.6.2　導線法

導線法（graphical traversing method）は，各測点で平板の標定を行い，次の測点との方向および距離を測定して図紙上にトラバースを組む方法であり，複導線法（double traversing method）と単導線法（single traversing method）の二つがある．このように，現地でトラバースを図解するため，図解トラバース測量ともいわれている．

(1) 複導線法

いま，図 8.11 で示す閉合トラバースを複導線法で測量する場合の手順は，次のようになる．

❶ トラバースの全地域を考えて図面に過不足なく入るように平板を据え，整準，致心を行い，図紙上の適当な位置に最初の地上点 A の影点 a を決定する．
❷ 影点 a に測量針を立て，アリダードの定規縁を当てて点 B に立てたポールを視準し，方向線 ab を描く．
❸ AB の距離を測り，縮尺から図上距離 ab を求め，影点 b を決定する．このとき，あとで測量結果を点検するために，C および D を視準して方向線を描いておく．これを照査線（検査線）という．
❹ 平板を B に移し，求心器で影点 b を地上点 B に致心し，平板を整準して測量針を立て，方向線 ba にアリダードの定規縁を沿わせて視準線中に点 A のポールが入

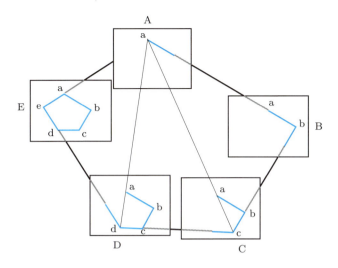

図 8.11 複導線法

るように平板を回転して定位する．このように，既知点にアリダードを合わせてその方向を視準することを後視するという．

❺ 影点 b に立てた測量針にアリダードの定規縁を当てて点 C に立てたポールを視準し，方向線 bc を描く．後視に対し，新しく作図しようとする点の方向を視準することを前視という．

❻ BC の距離を測り，縮尺から図上距離 bc を求め，影点 c を決定する．

❼ 以下，同様の手順でトラバースを回り，点 A に戻る．

ところで，平板を D に移した時点で影点 e が決定されるので，平板を E に移さず方向線 ea が描けるが，このようにすると閉合点（影点 a）における誤差を発見することができない．したがって，必ず最終点 E に平板を移し，影点 a を決定しなければならない．このとき，影点 a は図 8.12 に示すように最初に決定した影点 a と一致しない．この点を a′ とすると，図紙上で測った aa′ = e[mm] がこの場合の閉合誤差 e である．また，測量の精度は次の閉合比の大小で表される．閉合比 $1/P$ は，分子を 1 とした分数で表される．

$$\frac{1}{P} = \frac{e}{\sum L} \tag{8.5}$$

ここで，$\sum L$：トラバースの全測線長である．

したがって，土地の状況や測量の目的などによって，閉合比があらかじめ設けられた表 8.3 に示すような一定の許容制限値を越えたときは，再測しなければならない．

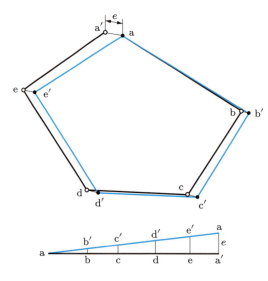

図 8.12 閉合誤差調整法

表 8.3 閉合比の許容制限値

土地の状況	許容制限値
平坦地	1/800〜1/1000
緩傾斜地	1/500〜1/800
山地，複雑な地形	1/300〜1/500

また，閉合誤差 e は，次式で示す測線の辺数 n の偏位誤差 σ を越えるかどうかで判断するのが一般的である．

$$\sigma = 0.3\sqrt{n}\,[\text{mm}] \tag{8.6}$$

次に，閉合誤差および閉合比が許容制限値内にある場合には，閉合誤差を調整して誤差を分配しなければならない．この調整法には，コンパス法と図解法があるが，いずれも測定誤差は測線長に比例して起こるという仮定に基づいている．図 8.12 に示す閉合トラバースで閉合誤差 e が生じた場合の誤差調整は次のように行う．

① 測線 ab（≒ a′b），bc，…，ea′ の長さを一直線上にとる．このとき，各辺の長さの比率を考えて作図する．
② 影点 a′ より垂直に閉合誤差 e を高さとする直角三角形を描き，各測点での誤差調整量を求める．
③ 各測点の調整量は，設定した底辺の各測点位置での直角三角形の高さであり，図より求める．
④ 各測点における調整量が求まると，線分 a′a に平行に影点 b〜e を通って直線を引き，この線上に a′ から a への方向と同じ向きで各調整量をとり，b′〜e′ を定め，これらを結んだ ab′c′d′e′a が調整された閉合トラバースとなる．

(2) 単導線法

平板を 1 点おきに据え，磁針により定位して前進する方法である．図 8.11 で示す閉合トラバースを単導線法で測量する場合の手順は，次のようになる．

① ❸ までは複導線法と同様の手順で作業を行う．
② 平板を点 C に移し，その影点 c は未知であるがおおよその位置を推定し，磁針により平板を定位する．
③ 先に決定した影点 b に立てた測量針にアリダードの定規縁を当てて地上点 B に立てたポールを視準し，b を通る方向線を引く，BC の距離を測り，その縮尺により点 c を決定する．このとき，求心器で点 c が点 C の真上にあるかどうかを調べて，偏位量があまり大きくなければ次の手順に進む．偏位量が大きいときには，方向線 bc に沿って平板を平行移動させて据え直す．
④ 点 c に測量針を立て，アリダードの定規縁を当て，点 D に立てたポールを視準し，方向線 cd を引く．
⑤ CD の距離を測り，縮尺から図上距離 cd を求め，影点 d を決定する．
⑥ 同様の方法を繰り返して前進する．

このように，単導線法は作業は速いが，精度は劣るのでなるべく避けたほうがよい．

8.6.3 交会法

交会法（method of intersection and reaction）は，2 個または 3 個の既知点に平板を据え，その方向線を引くことによって，求めようとする地上点を図紙上に図解していく方法で，次の三つがある．

(1) 前方交会法

前方交会法（method of foreward intersection）は平板上に図示されている 2 個または 3 個の既知点に平板を据え，各既知点から視準したそれぞれの方向線の交点を求めることによって，未知点の位置を図紙上に決定する方法である．いま，図 8.13 に示すように測点 A～C が既知点であり，未知点 P，Q を前方交会法で測量する場合の手順は，次にようになる．

① 測点 A で平板を定位する．影点 a を決定して致心する．
② 影点 ab と地上点 AB で定位する．
③ 未知点 P，Q を視準して各方向線 ap，aq を引く．
④ 測点 B に平板を移動し，平板を定位する．
⑤ 未知点 P，Q を視準して各方向線 bp，bq を引く．
⑥ 同様に，測点 C における各方向線 cp，cq を引く．
⑦ 3 本の方向線の交点が未知点 P，Q の影点 p，q である．

この方法では，2 方向線の交角はなるべく 90° で交わるのが理想的であるが，30～150° の範囲とし，3 方向線の場合はそれぞれ 2 方向の交角が 30～60° の範囲とする．また，各方向線の長さをなるべく等しくとるように注意すると，未知点の位置の誤差

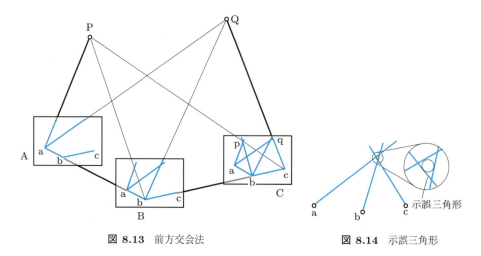

図 8.13 前方交会法　　　　　図 8.14 示誤三角形

を少なくできる．ここで留意しなければならないことは，正確な影点を決定したい場合は，3既知点から方向線を描いて，この3方向線が1点で交わるかどうかを点検しなければならない点である．もし，1点に交われば誤差のないことを示す．しかし，3方向線が1点に交わることはほとんどなく，図8.14に示すように3方向線は2本ずつ交わり，三角形がつくられることが多い．この三角形を示誤三角形（triangle of error）という．示誤三角形の大きさは，これに内接する円の直径で判断する．直径が0.3〜0.5 mm程度であれば，その円の中心を求点の位置としてよい．越えるときには再測とする．

(2) 側方交会法

側方交会法（method of side intersection）は，2，3の既知点からの方向線を利用して，未知点に据えた平板に未知点の図上位置を決定する方法であり，山や丘の稜線などを平板測量するのに適している．いま，図8.15に示すように測点A，Bが既知点であり，未知点Pを求めるとき，側方交会法で測量する場合の手順は次のようになる．

① 測点Aで平板を定位する．影点aを決定し，致心する．
② 影点abと地上点ABで定位する．
③ 未知点Pを視準して方向線apを引く．
④ 未知点Pに平板を移し，方向線ap上の任意の点pより既知点Aから未知点Pを視準して引いた方向線paによって平板を定位する．
⑤ 影点bに立てた測量針にアリダードの定規縁を当て，既知点Bを視準して方向線bpを引き，方向線apとの交点をpとする．

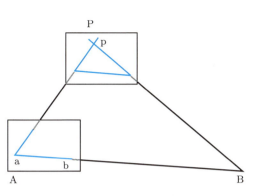

図 8.15 側法交会法　　　　図 8.16 透写紙法

(3) 後方交会法

後方交会法（method of back intersection）は，未知点に平板を据えて，既知点への視準で方向のみを決定し，未知点の位置を定める方法である．視準する既知点の数により 2 点法（two-points problem），3 点法（three-points problem）という．2 点法は誤差の点検方法を備えておらず，精度も劣るのであまり用いられない．3 点法には，透写紙法（tracing paper method），レーマン法（Lehmann's method），ベッセル法（Bessel's method）がある．

- 透写紙法：未知点に据えた平板にトレーシングペーパーを貼り，周辺の既知点を視準して方向線を引く．そのトレーシングペーパーを図面の既知点と合わせ，未知点を決定する方法である．図 8.16 に示すように，測点 A〜C が既知点であり，図紙上に与えられた a〜c を利用して未知点 P を求める．透写紙法で測量する場合の手順は，次のようになる．
  ① 平板に貼った図紙上にトレーシングペーパーを貼り，未知点 P に平板を据える．このとき，既知点 A〜C とそれらの影点 a〜c の位置関係を考慮して致心する．
  ② P の影点 p′ をトレーシングペーパー上に記し，p′ から A〜C を視準して，その方向線 p′a′，p′b′，p′c′ をトレーシングペーパー上に引く．
  ③ トレーシングペーパーをはずし，平板上を移動させ，3 本の方向線 p′a′，p′b′，p′c′ がそれぞれ図紙上に展開されている影点 a〜c を同時に通る位置を探してトレーシングペーパーを固定する．
  ④ p′ に測量針を立てて，影点 p を決定する．
- レーマン法：図 8.17 に示すように，既知点 A〜C から未知点 P を図紙上に決定する方法をレーマン法で測量する場合の手順は，次のようになる．

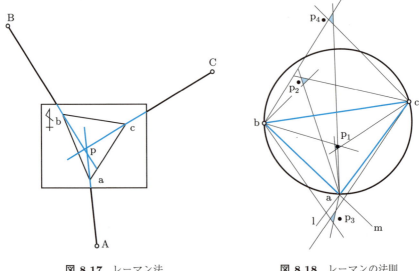

図 8.17 レーマン法　　**図 8.18** レーマンの法則

① 未知点 P に平板を据え，図紙上の推定位置 p で致心し，図上方位を磁針により北に合わせて定位する．
② 影点 a に測量針を立て，アリダードの定規縁を当てて既知点 A を視準し，方向線 Aa の延長線を引く．
③ 影点 b，c についても，同様にして方向線の延長線を引けば，3 方向線は 1 点で交わり，この点が地上未知点 P に相当する．
④ 普通は，3 方向線は 1 点で交わらず，小さな三角形ができる．この三角形のことを示誤三角形という．示誤三角形ができたら，その付近に p′ を仮定し，p′ を点 P に致心する．
⑤ p′a の延長に既知点 A があるように平板を回転させ，この位置で上記②，③の操作を示誤三角形がなくなり，1 点で交わるまで繰り返す．

　以下，点 p′ を仮定する場合には，次に示すレーマンの法則による．いま，既知点 A～C，の平板上の点を a～c とすると，図 8.18 に示すように a～c を通る円を描くとき，未知点の位置によって次の法則がある．
① 示誤三角形が △abc の内部にあるとき（図の p_1），未知点 p は示誤三角形の内部にある．
② 示誤三角形が △abc の外部にあって △abc の外接円の内側にあるとき（図の p_2），未知点 p は中央の方向線（図では a を通る方向線）に対して示誤三角形と反対側にある．

③ 示誤三角形が △abc の外接円の外部にあり，△abc の三つの対頂角のいずれかの内部にあるとき（図の p_3 であり，∠lam の内部），未知点 p は中央の方向線（図では a を通る方向線）に対して示誤三角形と反対側にある．

④ 示誤三角形が △abc の外接円の外部にあり，△abc の三つの辺のいずれかに対するとき（図の p_4 であり，辺 bc に対している），未知点 p は中央の方向線（図では a を通る方向線）に対して示誤三角形と同じ側にある．

⑤ 未知点が外接円の円周上にあるときは，示誤三角形は生じない．

⑥ 未知点 p から示誤三角形を生じた各方向線への垂線の長さは，未知点 p からその方向線の通る平板上の既知点に至る距離に比例する．

● ベッセル法：一種の図解法であり，円に内接する四辺形の幾何学的条件を用いる方法である．図 8.19 において，既知点 A〜C の影点を a〜c とし，p を平板上での未知点とする．

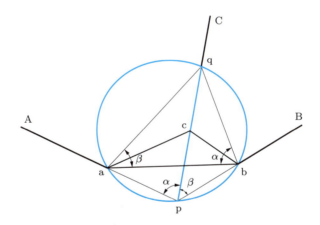

図 8.19　ベッセル法

いま，a, p, b を通る円を描き，pc を結びその延長線と円との交点を q とすると，次のようになる．

$$\angle baq = \angle bpq = \beta$$
$$\angle apq = \angle abq = \alpha$$

したがって，α, β は点 p で求めることができ，点 q は幾何学的に求められるので，q, a, b の外接円を描くことにより，点 p を決定できる．

この方法は，点 a, b, c, p が同一の円周上にあれば，点 q が点 c と一致して平板の定位ができない．また，点 q と点 c の距離が短くなるほど，いいかえると点 a〜c を通る円周に p が近づくほど，定位が不正確になって精度が低下する．

8.7 平板測量の応用

8.7.1 距離測量

望遠鏡またはアリダードを用いて，測点に立てた目標板 (target) の鉛直間隔 (基準線) を測定し，図形的条件により距離と高さを求める測量をスタジア測量という．図 8.20 に示すように点 A に平板を据えて点 B にポールを立て，その一定の長さ (基準線) 2 点 a, b の目標板をアリダードで視準したときの a, b に対する前視準板の分画目盛の読みをそれぞれ n_1, n_2 とすると AB 間の距離 L は次のようになる．

$$L = \frac{100}{n_1 - n_2}l = \frac{100}{n}l \tag{8.7}$$

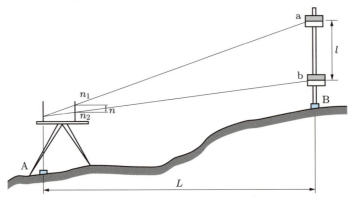

図 8.20 アリダードによる距離測量

8.7.2 直接水準測量

図 8.21 に示すように平板を水平に据え，高さが既知の点 A および未知の点 B に標尺を立て，それぞれの標尺の読みを a, b とすると，点 B の高さは次のように求めら

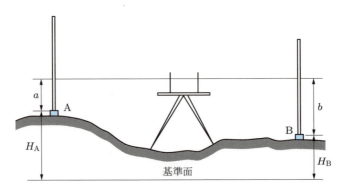

図 8.21 直接水準測量

れる．

$$H_A + a = H_B + b$$
$$\therefore \quad H_B = H_A + a - b \tag{8.8}$$

8.7.3 間接水準測量

図 8.22 に示すように，既知点 A に平板を水平に据え，器械高 i を測り，未知点 B に立てたポールの目標板をアリダードで視準したときの前視準板の分画目盛の読みを n とすると，点 B の高さは次のようになる．

$$H_A + i = H_B + l - H$$
$$\therefore \quad H_B = H_A + i + H - l \tag{8.9}$$

ここで，$H = (n/100)L$ である．このとき，器械高と目標板の高さを等しくとれば，$i = l$ となって点 B の高さは次のようになる．

$$H_B = H_A + H \tag{8.10}$$

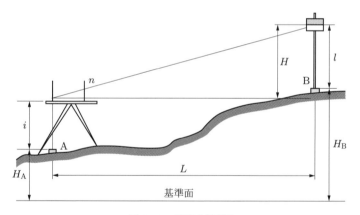

図 8.22　間接水準測量

例題 8.3 AB間の距離と高さを求めようとし，点Bに2mの間隔をおいた目標板を取り付けたポールを立て，点Aよりアリダードで上下の目標板を視準し，それぞれ26分画，21分画を得た．AB間の水平距離および点Bの標高を求めよ．ただし，点Aの標高を50m，平板の器械高を1m，下部の目標板は地上1mの位置に取り付けられたものとする．

解 式(8.7)，(8.9)より，次のようになる．

$$L = \frac{100}{n_1 - n_2}l = \frac{100 \times 2}{26 - 21} = 40\,\mathrm{m}$$

$$H_B = H_A + i + H - l = 50 + 1 + \frac{5}{100} \times 40 - 1 = 52.0\,\mathrm{m}$$

答　水平距離　40m，点Bの標高　52.0m

演習問題

8.1 平板測量の特徴を長所・短所に分けて述べよ．

8.2 次の文章は，アリダードが備えていなければならない条件を述べたものである．間違っているものを選べ．
(1) 定規縁は視準面に平行であること．
(2) 基準線（0，20，35基準線）は，定規縁に平行であること．
(3) 両視準板はともに定規底面に直交すること．
(4) 視準面は定規底面に直行すること．
(5) 水準器軸は定規底面に直行すること．

8.3 次の文章は，平板測量の器具について述べたものである．（　）内に適当な語句を入れて文章を完成させよ．
(1) アリダードの視準板は，折りたたみ式の（①）と（②）からなり，（③）には引き出し板があり，その中央には上・中・下3個の（④）がある．同様に，（⑤）は長方形の枠で，その中心に1本の（⑥）が張ってあり，視準するときの基準となる．
(2) （⑦）に下げ振りを下げて，地上の（⑧）と図紙上の（⑨）を一致させるために用いられる．
(3) （⑩）は長方形の箱の中に磁針をもったもので，箱の短辺の中央の印に磁針の先端を合わせると，その長辺は（⑪）を示す．

8.4 平板の標定について説明せよ．また，それぞれについて説明せよ．

8.5 平板測量において，図紙上の許容誤差は0.2mm，1/400の縮尺の場合の致心誤差の許容範囲を求めよ．

8.6 平板測量において，測点と求心点の下げ振りのずれを4cmまで許した場合の，縮尺の限界を求めよ．ただし，図上誤差を$q = 0.2\,\mathrm{mm}$とする．

8.7 30 × 42 cm の用紙に，縮尺 1/300 で測量して収まる最大の面積を求めよ．
8.8 測点 A に平板を据え付けて，測点 B の目標板をアリダードで視準したところ，それぞれ +10.2，+1.6 の分画を得た．目標板の間隔を 2.5 m とするとき，測点 AB 間の水平距離を求めよ．
8.9 標高 30.2 m の点からアリダードを用いて直接測定法によって 30 m の等高線を描くために，ポールに取り付ける目標板の高さを求めよ．ただし，地上から平板上にあるアリダードの視準孔までの高さを 1.1 m とする．

第9章 スタジア測量

9.1 スタジア測量とは

スタジア測量（stadia surveying）は，望遠鏡内に設けられた上下2本のスタジア線を利用し，測点に立てた標尺を視準し，上下のスタジア線に挟まれた標尺の長さ（夾長）と，そのときの鉛直角を読むことによって，間接的に測点の距離と高さを求める測量である．高い精度は望めないが，作業が簡単で，障害物があっても見通しさえよければ測量可能であり，利用方法によってはかなりの効果が期待できる測量方法である．

9.2 スタジア測量の原理

図 9.1 に示すように，点 A に器械を水平に据え，点 B に標尺を立てて視準したとする．

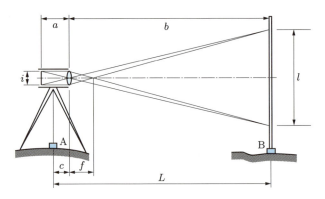

図 9.1　スタジア測量の原理

レンズの基本公式より，次式が成り立つ．

$$l : i = b : a \tag{9.1}$$

$$\frac{1}{f} = \frac{1}{a} + \frac{1}{b} \tag{9.2}$$

$$L = b + c \tag{9.3}$$

ここに，l：夾長，i：スタジア線の間隔，c：対物レンズから器械中心までの距離，f：対物レンズの焦点距離，a：対物レンズから像までの距離，b：対物レンズから標尺ま

での距離，L：2 点 AB 間の距離（器械中心から点 B までの距離）である．

式 (9.1)～(9.3) より a, b を消去すれば，

$$L = \frac{f}{i}l + f + c \tag{9.4}$$

となる．式 (9.4) において f/i, $f+c$ ともに器械によって一定の値をとる定数であり，f/i をスタジア乗定数（stadia multiplier constant）K, $f+c$ をスタジア加定数（stadia addition constant）C といい，この両者をスタジア定数（stadia constants）という．したがって，スタジアの基本公式は次式で与えられる．

$$L = Kl + C \tag{9.5}$$

最近の内部焦準式の望遠鏡では $K = 100$, $C = 0$ となるように設計されており，この場合のスタジアの基本公式は，

$$L = 100\,l \tag{9.6}$$

となり，夾長を 100 倍すれば距離を簡単に求めることができる．

9.3 スタジア測量の一般公式

視準線が水平の場合は式 (9.5) を使用すればよいが，一般には視準線は水平とはならない．したがって，図 9.2 に示すように標尺と視準線は直交しない．そこで，点 A に器械を据え，高低差のある点 B に立てた標尺を視準して，2 点 AB 間の水平距離と高低差を求める場合を考えてみる．

式 (9.5) より，次のようになる．

$$L' = Kl' + C \tag{9.7}$$

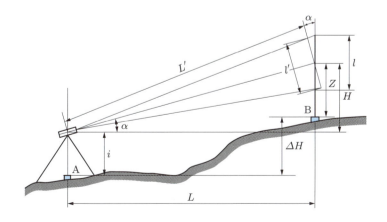

図 9.2 スタジア測量

$$L = L'\cos\alpha = Kl'\cos\alpha + C\cos\alpha \tag{9.8}$$

$$H = L'\sin\alpha = Kl'\sin\alpha + C\sin\alpha \tag{9.9}$$

ここに，i：器械高，α：視準線の鉛直角，Z：点Bに立てた標尺の十字線の読み，l：夾長，l'：視準線に垂直と仮定した標尺の夾長である．

ここで，l, l' 両線分のなす角は α に等しいので，近似的に次のようになる．

$$l' \fallingdotseq l\cos\alpha \tag{9.10}$$

したがって，式 (9.8)，(9.9) は，

$$L = Kl\cos^2\alpha + C\cos\alpha \tag{9.11}$$

$$H = Kl\sin\alpha\cos\alpha + C\sin\alpha \tag{9.12}$$

となり，図より次のようになる．

$$\Delta H = i + H - Z = Kl\sin\alpha\cos\alpha + C\sin\alpha + i - Z \tag{9.13}$$

式 (9.11)，(9.13) をスタジア測量の一般公式といい，水平距離と高低差を同時に求めることができる．さらに，測量を簡単にするために，器械高 i と標尺の十字線の読み Z を等しくとれば，$i = Z$ となって式 (9.13) も，

$$\Delta H = Kl\sin\alpha\cos\alpha + C\sin\alpha \tag{9.14}$$

と簡単になる．スタジア定数 $K = 100$，$C = 0$ の場合には，次式のようにさらに簡単になる．

$$L = 100\,l\cos^2\alpha \tag{9.15}$$

$$\Delta H = 100\,l\sin\alpha\cos\alpha \tag{9.16}$$

ここで，$\sin\alpha\cos\alpha = (1/2)\sin 2\alpha$ より次式となる．

$$\Delta H = 50\,l\sin 2\alpha \tag{9.17}$$

例題 9.1 トランシットを用いてスタジア測量を行った結果，夾長 0.68 m，視準線の鉛直角 $+3°25'$，器械高 1.45 m，標尺の十字線の読み 1.45 m であった．両地点間の水平距離と高低差を求めよ．ただし，スタジア定数 $K = 100$，$C = 0$ とする．

解 式 (9.15)，(9.16) より，次式のように求められる．

$$L = 100\,l\cos^2\alpha = 100 \times 0.68 \times \cos^2 3°25' \fallingdotseq 67.76 \text{ m}$$

$$\Delta H = 100\,l\sin\alpha\cos\alpha = 100 \times 0.68 \times \sin 3°25' \times \cos 3°25' \fallingdotseq 4.05 \text{ m}$$

答　水平距離　67.76 m，高低差　4.05 m

演習問題

9.1 測点 A にトランシットを据え付け，測点 B に標尺を立ててスタジア測量を行い，スタジア下線の読み = 1.35 m，スタジア上線の読み = 1.86 m，を得た．このときの測点 AB 間の水平距離を求めよ．ただし，器械高 = 1.38 m，スタジア定数 $K = 100$，$C = 0$ とする．

9.2 演習問題 9.1 において，$K = 100$，$C = 0.10$ としたときの水平距離を求めよ．

9.3 トランシットを用いてスタジア測量を行ったところ，夾長が 1.35 m，鉛直角が 0° であった．このときのトランシットから標尺までの距離を求めよ．

9.4 トランシットを用いてスタジア測量を行った結果，夾長 0.798 m，視準線の鉛直角が +4°05′，器械高 1.25 m，標尺の十字線の読み 1.25 m であった．このときの両地点間の水平距離と高低差を求めよ．ただし，スタジア定数 $K = 100$，$C = 0$ とする．

第10章 面積測量，体積測量

10.1 面積とは

測量で取り扱う面積（地積）とは，斜面に沿った面積ではなく，ある境界線を水平面に投影し，この境界線を水平距離に直し，これにより囲まれた土地の広さのことである．

10.2 直線で囲まれた面積の計算

10.2.1 三斜法

三斜法（diagonal and parpendicular method）は，測定しようとする地域をいくつかの三角形に分割し，各三角形の底辺と高さを図紙上より測定し，この値より面積を計算する方法である．三斜法では，分割する三角形の底辺と高さの値をほぼ同じとする正三角形に近い形とし，誤差の影響が少なくなるようにすることが望ましい．三斜法は比較的簡単で，主に官庁関係および土地売買関係に用いられている．三角形の底辺および高さをそれぞれ b，h とすれば，面積 S は，

$$S = \frac{1}{2}bh \tag{10.1}$$

となる．図 10.1 に示す地域をできるだけ正三角形に近い三角形①～④に分割し，その底辺と高さを図紙上で求めて計算すると，表 10.1 のようになる．

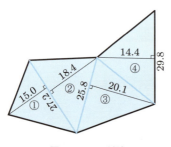

図 10.1　三斜法

表 10.1　三斜法の面積計算

三角形番号	底辺 b	高さ h	倍面積 $2S$
①	27.2	15.0	408.0
②	27.2	18.4	500.5
③	25.8	20.1	518.6
④	29.8	14.4	429.1
			$2S = 1856.2$
			$S = 928.1$

10.2.2 三辺法

三辺法 (triangle division method) は，測定しようとする地域をいくつかの三角形に分割し，三角形の 3 辺 a～c を測定して，ヘロンの公式 (Heron's formula) を用いて面積 S を求める方法である．

$$S = \sqrt{s(s-a)(s-b)(s-c)} \tag{10.2}$$

ただし，$s = (a+b+c)/2$ である．図 10.2 に示す地域を三角形①～④に分割し，それぞれの辺を図紙上で求めて計算すると，表 10.2 のようになる．

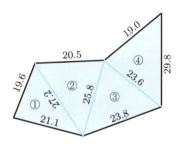

図 10.2 三辺法

表 10.2 三辺法の面積計算

三角形番号	辺 長			s	$s-a$	$s-b$	$s-c$	S
	a	b	c					
①	19.6	21.1	27.2	33.95	14.35	12.85	6.75	205.6
②	27.2	25.8	20.5	36.75	9.55	10.95	16.25	249.9
③	25.8	23.8	23.6	36.60	10.80	12.80	13.00	256.5
④	23.6	29.8	19.0	36.20	12.60	6.40	17.20	224.1
合計								936.1

10.2.3 二辺交角法

三角形の 2 辺 a, b とその間の角 α がわかっている場合，面積 S は次式となる．

$$S = \frac{1}{2}ab\sin\alpha \tag{10.3}$$

10.2.4 台形法

台形法 (trapezoidal method) は，測定しようとする地域をいくつかの台形に分割して面積を求める方法である．図 10.3 に示す上底 a，下底 b，高さを h とする台形の面積 S は，

$$S = \frac{1}{2}h(a+b) \tag{10.4}$$

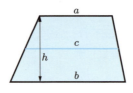

図 10.3 台形法

となる.ここで,$c = (a+b)/2$ とすると,次式のようになる.
$$S = hc \tag{10.5}$$

10.2.5 支距法

支距法(オフセット法:offset method)は,境界線が折れ線の場合,測線との間の面積は測線上の各点より境界線までの支距(オフセット:offset)を測り,その距離を用いて,台形の連続であるとして算出する方法である.

(1) 横距が等間隔でない場合

図 10.4(a) に示すように,支距の長さを $h_1 \sim h_5$ とし,支距の間隔を $d_1 \sim d_4$,面積を S とすれば,

$$S = \frac{1}{2}d_1(h_1+h_2) + \frac{1}{2}d_2(h_2+h_3) + \frac{1}{2}d_3(h_3+h_4) + \frac{1}{2}d_4(h_4+h_5) \tag{10.6}$$

となる.ここで,$D_1 = d_1$,$D_2 = d_1+d_2$,$D_3 = d_2+d_3$,$D_4 = d_3+d_4$,$D_5 = d_4$ とすると,式 (10.6) は次のようになる.

$$S = \frac{1}{2}(D_1 h_1 + D_2 h_2 + D_3 h_3 + D_4 h_4 + D_5 h_5) \tag{10.7}$$

このように,式 (10.7) のような一般式として表すことができる.

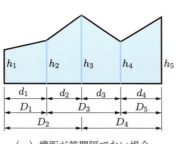

(a) 横距が等間隔でない場合

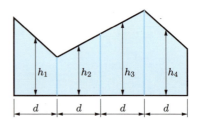

(b) 中央支距法

図 10.4 支距法

(2) 横距が等間隔の場合

図 10.4(a) において，$d_1 = d_2 = d_3 = d_4 = d$ であるので，このときの面積 S は，

$$S = d\left(\frac{h_1 + h_5}{2} + h_2 + h_3 + h_4\right) \tag{10.8}$$

となり，一般式として表すと次式となる．

$$S = d\left(\frac{h_1 + h_n}{2} + h_2 + h_3 + \cdots + h_{n-1}\right) \tag{10.9}$$

(3) 各測線上の中央で支距をとる場合

図 10.4(b) に示すように，各境界線の中央で支距が測定できる場合の面積 S は，

$$S = dh_1 + dh_2 + dh_3 + dh_4 = d(h_1 + h_2 + h_3 + h_4) \tag{10.10}$$

となり，一般式として表すと次式となる．

$$S = d\sum_{i=1}^{n} h_i \tag{10.11}$$

この方法を中央支距法という．

10.2.6　直角座標法

直角座標法（coordinate method）は，図 10.5 に示すように，求めようとする多角形の面積の各頂点の座標が得られている場合に，その座標値を用いて各測線と Y 軸で囲まれる各台形面積を加えて面積 S を求める方法である．

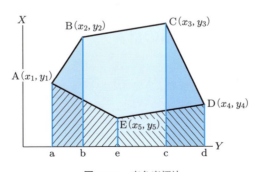

図 10.5　直角座標法

$$S = (\square aABCDd) - (\square aAEDd)$$
$$= (\square aABb) + (\square bBCc) + (\square cCDd) - (\square aAEe) - (\square eEDd)$$
$$= \frac{1}{2}(x_1+x_2)(y_2-y_1) + \frac{1}{2}(x_2+x_3)(y_3-y_2) + \frac{1}{2}(x_3+x_4)(y_4-y_3)$$
$$- \frac{1}{2}(x_1+x_5)(y_5-y_1) - \frac{1}{2}(x_4+x_5)(y_4-y_5)$$
$$= \frac{1}{2}\{y_1(x_5-x_2) + y_2(x_1-x_3) + y_3(x_2-x_4)$$
$$+ y_4(x_3-x_5) + y_5(x_4-x_1)\} \tag{10.12}$$

また，X 軸と囲まれる多角形の面積を同様に求めると，
$$S = \frac{1}{2}\{x_1(y_2-y_5) + x_2(y_3-y_1) + x_3(y_4-y_2)$$
$$+ x_4(y_5-y_3) + x_5(y_1-y_4)\} \tag{10.13}$$

となり，これらを一般式で表すと次式となる．
$$S = \frac{1}{2}\sum y_i(x_{i-1} - x_{i+1}) \tag{10.14}$$
$$S = \frac{1}{2}\sum x_i(y_{i+1} - y_{i-1}) \tag{10.15}$$

10.2.7　倍横距法

6.4.9 項で説明．

10.3　曲線で囲まれた面積の計算

10.3.1　台形法

図 10.6 に示すように，面積を求めようとする曲線部分を適当に分割し，その曲線を直線とみなして台形公式を使用する方法である．横距が等間隔でない場合は，式 (10.6)

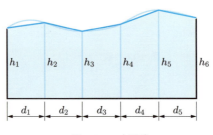

図 10.6　台形法

または式 (10.7) を，等間隔の場合は式 (10.8) または式 (10.9) を使用して面積を計算するとよい．

10.3.2 シンプソン法

シンプソン法（Simpson's method）は，面積を求めようとする区域の境界の曲線部を放物線と仮定し，面積を計算する方法である．

(1) シンプソンの第 1 法則

境界線の分割 2 区間を一組とし，その一組の曲線を 2 次放物線とみなして面積を計算する方法である．いま，図 10.7(a) に示す一組の部分面積 S_1 は台形部分 abcd と放物線部分 ced からなる．すなわち，部分面積 S_1 は，

$$S_1 = (台形面積\ \mathrm{abcd}) + (放物線面積\ \mathrm{ced})$$
$$= \left(2d \times \frac{h_1 + h_3}{2}\right) + \frac{2}{3}\left(h_2 - \frac{h_1 + h_3}{2}\right) \times 2d = \frac{d}{3}(h_1 + 4h_2 + h_3) \quad (10.16)$$

となり，同様に部分面積 $S_2, S_3, \cdots, S_n$ を計算すると，全体面積 S は次のようになる．

$$S = S_1 + S_2 + \cdots + S_n$$
$$= \frac{d}{3}\{h_1 + 4(h_2 + h_4 + \cdots + h_{n-1}) + 2(h_3 + h_5 + \cdots + h_{n-2}) + h_n\} \quad (10.17)$$

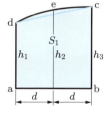 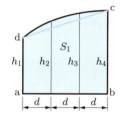

（a）シンプソンの第 1 法則　　（b）シンプソンの第 2 法則

図 10.7 シンプソン法

式 (10.17) をシンプソンの第 1 法則（Simpson's first rule），またはシンプソンの 1/3 法則（Simpson's 1/3 rule）という．ただし，式 (10.17) を使用するには横距の間隔が等しく偶数区間に分割された場合に限る．もし，奇数区間に分割された場合は，端数部の面積は台形公式で求めて加えればよい．

(2) シンプソンの第 2 法則

第 1 法則と異なり，分割 3 区間を一組とし，その一組の曲線を 3 次放物線とみなして面積を計算する方法である．

図 10.7(b) において，部分面積 S_1 は，

$$S_1 = \left(3d \times \frac{h_1 + h_4}{2}\right) + \frac{3}{4}\left(\frac{h_2 + h_3}{2} - \frac{h_1 + h_4}{2}\right) \times 3d$$

$$= \frac{3}{8}d(h_1 + 3h_2 + 3h_3 + h_4) \tag{10.18}$$

となる．したがって，全体面積 S は次のようになる．

$$\begin{aligned} S = \frac{3}{8}d\{&h_1 + 3(h_2 + h_3 + h_5 + \cdots + h_{n-1}) \\ &+ 2(h_4 + h_7 + h_{10} + \cdots + h_{n-3}) + h_n\} \end{aligned} \tag{10.19}$$

式 (10.19) をシンプソンの第 2 法則（Simpson's second rule），またはシンプソンの 3/8 法則（Simpson's 3/8 rule）という．

例題 10.1 図 10.8 の面積を以下のそれぞれの方法で求めよ．
(1) 台形法
(2) シンプソンの第 1 法則
(3) シンプソンの第 2 法則

図 10.8: $h_1 = 3.21$ m, $h_2 = 3.00$ m, $h_3 = 3.12$ m, $h_4 = 3.25$ m, $h_5 = 3.33$ m, $h_6 = 3.24$ m, $h_7 = 3.30$ m, $1.5 \times 6 = 9.0$ m

解
(1) 式 (10.9) より次式となる．

$$S = 1.5\left(\frac{3.21 + 3.30}{2} + 3.00 + 3.12 + 3.25 + 3.33 + 3.24\right) \fallingdotseq 28.79\,\text{m}^2$$

(2) 式 (10.17) より次式となる．

$$S = \frac{1.5}{3}\{3.21 + 4(3.00 + 3.25 + 3.24) + 2(3.12 + 3.33) + 3.30\} \fallingdotseq 28.69\,\text{m}^2$$

(3) 式 (10.19) より次式となる．

$$S = \frac{3}{8} \times 1.5\{3.21 + 3(3.00 + 3.12 + 3.33 + 3.24) + 2 \times 3.25 + 3.30\}$$
$$\fallingdotseq 28.73\,\text{m}^2$$

答　(1) $28.79\,\text{m}^2$　(2) $28.69\,\text{m}^2$　(3) $28.73\,\text{m}^2$

10.4 複雑な曲線で囲まれた面積の計算

10.4.1 方眼法

図 10.9 に示すように，面積を求めようとする境界線を方眼で覆って方眼の数を数える方法で，メッシュ法とも呼ばれている．面積 S の求め方は，薄い青色で示した完全な方眼の数に，濃い青色で示した境界線で切られる方眼の総和の 1/2 を加えたものに方眼の単位面積を掛けたものである．すなわち，次式で表される．

$$S = (方眼の単位面積) \times \left\{ (完全な方眼の数) + \frac{1}{2}(境界線で切られる方眼の数) \right\} \quad (10.20)$$

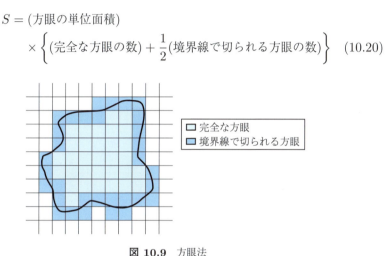

図 10.9　方眼法

10.4.2 平行線法

図 10.10 に示すように，等間隔に平行線を引き，平行線と境界線で囲まれる面積を 2 分するような垂直線を両端に記入する．それぞれの長方形の面積を計算して加算する方法である．

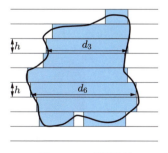

図 10.10　平行線法

10.4.3 取捨線法

図 10.11 に示すように，面積の増減が 0 になるような取捨線を引いてその取捨線によって形成される多角形の面積を計算する方法である．

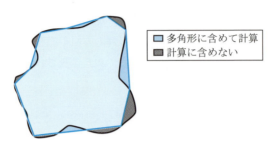

図 10.11　取捨線法

10.4.4 重量法

均等な厚さの紙に求めようとする面積の境界線を描き，それを切り抜いて重さを測定し，面積に換算する方法である．

10.4.5 プラニメーター法

プラニメーター（planimeter）は，図紙上に描かれた境界線上を測針でなぞり，測輪の回転数を読み取ることにより面積を求める器械であり，最も一般的なものは図 10.12(a) に示すような補正プラニメーターである．また，極針の代わりに回転ローラーがあり，一方向に自由に移動でき，細長い面積の測定に適しているローラープラニメーターも広く使用されるようになっている．最近では図 (b) に示すような面積，座標，辺長，線長，半径などが測定機能として設定されており，さらに縮尺設定も分母入力だけですむデジタルプラニメーターが主流となりつつある．

補正プラニメーターによる面積測定の方法は，極針を求める平面図の外に置く場合と中に置く場合がある．ここでは，極針を平面図の外に置き，1/200 で描かれた平面

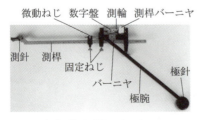

（a）補正プラニメーター

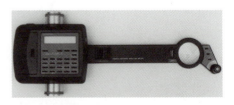

（b）デジタルプラニメーター

図 10.12　プラニメーター

図の面積を求める手順について述べる．
① 測桿の目盛と測桿バーニヤを，縮尺 1/200 に応じた測桿目盛に正しく合わせる（測桿目盛の値は，表 10.3 のように，そのほかの数値とともに，プラニメーター定数表として収納箱に記載されている）．
② 平面図に起点を決めて測針を置いたときの測輪の読みを，図 10.13 のように読み取り，第 1 読取り値（initial reading）とする．
③ 平面図に沿って測針を右回りに運行させる．このとき，曲線部はフリーハンドでよいが，直線部は定規などに沿わせて徐々に運行すれば，より正確な測定を行うことができる．
④ 平面図を一周して再び起点に戻ったときの測輪の読みを第 2 読取り値（final reading）とする．
⑤ 次式のように，第 2 読取り値と第 1 読取り値の差に，プラニメーター定数表に記載されている 1/200 の単位面積（定数）を掛けると，求めようとする平面図の面積が求まる．

$$面積 = \{(第2読取り値) - (第1読取り値)\} \times 単位面積$$

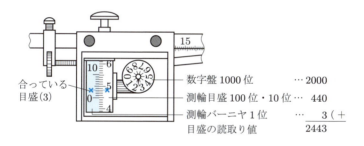

図 10.13 測定部本体

また，極針を平面図の中に置いた場合は，プラニメーター定数表に記載されている 1/200 の加数を加えて次式となる．

$$面積 = \{(第2読取り値) - (第1読取り値) + (加数)\} \times 単位面積$$

さらに，プラニメーター定数表にない縮尺を用いる場合は，次式のように単位体積を求める．

$$単位面積 = (プラニメーター定数表にある縮尺の単位面積) \times \left(\frac{プラニメーター定数表にある縮尺}{求めようとする図形の縮尺}\right)^2$$

表 10.3　プラニメーター定数表

縮尺	測腕目盛	単位面積 [m²]	縮尺 1/1 のときの単位面積 [mm²]	加数
1/1000	149.1	10	10	23083
1/600		3.6		
1/300		0.9		
1/200		0.4		
1/500	115.9	2	8	24292
1/250		0.5		

10.5　面積の分割

10.5.1　三角形の分割

(1) 三角形の一辺に平行な直線で分割する場合

図 10.14(a) に示すように，△ABC において一辺に平行な直線で面積を △ADE：□DBCE= $m:n$ に分割する場合は，次のようになる．

$$\mathrm{AD} = \mathrm{AB}\sqrt{\frac{m}{m+n}}, \ \mathrm{AE} = \mathrm{AC}\sqrt{\frac{m}{m+n}} \qquad (10.21)$$

また，△ABC：△ADE= $M:m$ に分割する場合は，次のようになる．

$$\mathrm{AD} = \mathrm{AB}\sqrt{\frac{m}{M}}, \ \mathrm{AE} = \mathrm{AC}\sqrt{\frac{m}{M}} \qquad (10.22)$$

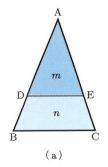
(a)
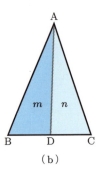
(b)
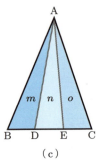
(c)
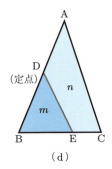
(d)

図 10.14　三角形の分割

(2) 三角形の一つの頂点を通って分割する場合

図 10.14(b) に示すように，△ABC において頂点 A を通る直線により面積を △ABD：△ADC= $m:n$ に分割する場合は，次のようになる．

$$\mathrm{BD} = \mathrm{BC}\frac{m}{m+n}, \ \mathrm{CD} = \mathrm{BC}\frac{n}{m+n} \qquad (10.23)$$

また，図 (c) に示すように△ABCを3分割する場合は，次のようになる．

$$BD = BC\frac{m}{m+n+o}, \quad DE = BC\frac{n}{m+n+o}, \quad EC = BC\frac{o}{m+n+o} \tag{10.24}$$

(3) 三角形の一つの辺上の定点を通って分割する場合

図 10.14(d) に示すように，△ABCにおいて定点Dを通る直線により面積を △DBE：△ADEC= $m:n$ に分割する場合は，次のようになる．

$$BE = \frac{BC \cdot AB}{BD} \cdot \frac{m}{m+n} \tag{10.25}$$

10.5.2 四辺形の分割

(1) 台形の底辺に平行な直線で分割する場合

図 10.15(a) に示すように，□ABCDにおいて底辺ADに平行な直線で□BCFE：□EFDA= $m:n$ に分割する場合は，次のようになる．

$$BE = \frac{AB(EF - BC)}{AD - BC}$$

$$EF = \sqrt{\frac{m \cdot AD^2 + n \cdot BC^2}{m+n}} \tag{10.26}$$

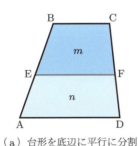

（a）台形を底辺に平行に分割　　（b）四辺形を頂点を通って分割

図 10.15　四辺形の分割

(2) 四辺形の一つの頂点を通って分割する場合

図 10.15(b) に示すように，□ABCDにおいて頂点Bを通る直線により面積を △ABE：□BCDE= $m:n$ に分割する場合は，次のようになる．

$$\triangle ABE = \frac{m}{m+n}\square ABCD = \frac{1}{2}AE \cdot BP$$

$$\therefore \quad AE = \frac{2\triangle ABE}{BP} \tag{10.27}$$

10.5.3 多角形の分割

図 10.16 に示すように，多角形 ABCDEFG の頂点 A より基準線 AN を引き，各頂点より基準線に垂線を下ろし，これを対辺まで延長した対辺の交点を B', C', ⋯ とする．

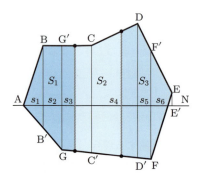

図 10.16 多角形の分割

各区分面積は，それぞれ次のようになる．

$$\triangle ABB' = s_1, \; \square BG'GB' = s_2, \; \square G'CC'G = s_3$$
$$\square CDD'C' = s_4, \; \square DF'FD' = s_5, \; \triangle F'EF = s_6$$
$$S = S_1 + S_2 + S_3 = \sum_{i=1}^{6} s_i$$

この多角形の面積 S を三等分に分割する場合，次のようになる．

$$\begin{aligned} S_1 &= \frac{S}{3} = s_1 + s_2 + s_3 \frac{m}{m+n} \\ S_2 &= \frac{S}{3} = s_3 \frac{n}{m+n} + s_4 \frac{m'}{m'+n'} \\ S_3 &= \frac{S}{3} = s_4 \frac{n'}{m'+n'} + s_5 + s_6 \end{aligned} \quad (10.28)$$

したがって，m, n および m', n' を式 (10.28) が満足するように定めればよい．

10.6 境界線の整正

10.6.1 屈折線を直線に直す場合

図 10.17 に示すように，屈折した境界線 ABC で分割された面積を変えずに直線 AD に直す場合は，∠ACB= α，∠BCD= β，BC= a とすると，求める点 C の点 D までの移動量 CD= x は次のようになる．

10.6 境界線の整正 159

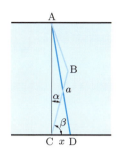

図 10.17 屈折線を直線に直す場合

$$x = \frac{a \sin \alpha}{\sin(\alpha + \beta)} \tag{10.29}$$

10.6.2 屈折の多い境界線を直線に直す場合

図 10.18 に示すように，境界線 ABCDE があり，点 A を通る境界線 AO で面積を変えずに分割したい場合は，まず点 A より直線 OE に垂線を下ろして点 P とする．次に，点 A より境界線と交差しないように，PE の間に点 Q をとり，∠AQE= α を各座標より計算する．多角形 ABCDEP の面積 S を倍横距法により求め，△AOP の面積と等しくなるような OP の長さを定めればよい．AP= y，OP= x とすると，次のようになる．

$$\triangle \text{AOP} = \frac{1}{2}xy = S$$

$$x = \text{OP} = \frac{2S}{y}$$

$$\therefore \quad \text{OP} = \frac{2S}{\text{AQ} \sin \alpha} \tag{10.30}$$

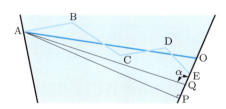

図 10.18 屈折の多い境界線を直線に直す場合

10.6.3 曲線の多い境界線を直線に直す場合

図 10.19 に示すように，曲線 AB で分割される面積を直線 AO で面積を変えずに分割する場合は，まず目測で直線 AO を引く．このとき，線 AO の上の部分の面積（+）

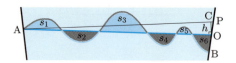

図 10.19　曲線の多い境界線を直線に直す場合

と下の部分の面積（−）がほぼ等しくなるように点 O を定める．次に，AO より曲線 AB の支距をとり，部分面積 $s_1 \sim s_6$ を求め，次のようになる．

$$(s_1 + s_3 + s_5) - (s_2 + s_4 + s_6) = s \tag{10.31}$$

$$h = \frac{2s}{\mathrm{AB}} \tag{10.32}$$

点 O より直角に h の長さだけとり，点 C とする．点 C を通って AO に平行な直線と OB の交点 P を求めれば，AP が新しい境界線となる．

10.6.4　四辺形を台形に直す場合

図 10.20 に示すような□ABCD の辺 BC を，面積を変えずに辺 AD に平行な辺 PQ に引き直したい場合は，AB と CD の交点 O より AD に下ろした垂線 OE 上の点 M を通るものとし，点 O より BC に下ろした垂線の足を G とすると，次のようになる．

$$\mathrm{OM} = \sqrt{\frac{\mathrm{BC} \cdot \mathrm{OG} \cdot \mathrm{OE}}{\mathrm{AD}}} \tag{10.33}$$

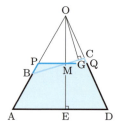

図 10.20　四辺形を台形に直す場合

10.6.5　多角形を三角形に直す場合

図 10.21 に示すような多角形 ABCDE を，面積を変えずに三角形に直す場合，AD に平行に点 E を含む直線を引き，DC との交点を点 G とする．同様に，点 F を定めると，△AFG ＝多角形 ABCDE となる．

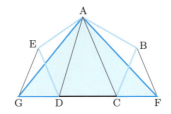

図 10.21 多角形を三角形に直す場合

10.7 体積の計算

10.7.1 断面法

道路，鉄道，水路，河川などのように細長い地形の体積を求めようとする場合には，その縦断面図と横断面図をもとにして断面積を求め，次のような方法で体積を計算する．このような方法を断面法（calculation of volume by cross sections）と呼ぶ．

(1) 角柱公式

図 10.22 に示すように，区間の平行な両端面の断面積を S_0, S_1，中央の断面積を S_m，区間の距離を l とするとき，この区間の体積 V_1 は，

$$V_1 = \frac{l}{6}(S_0 + 4S_m + S_1) \tag{10.34}$$

となる．一般に，平行断面 S_0, S_1, $\cdots$, S_n が等間隔 l で続くときの全体の体積 V は次式となる．

$$V = \sum_{i=1}^{n} V_i = \frac{l}{3}\{S_0 + S_n + 4(S_1 + S_2 + \cdots + S_{n-1})$$
$$+ 2(S_2 + S_4 + \cdots + S_{n-2})\}$$
$$= \frac{l}{3}\left(S_0 + S_n + 4\sum_{r=0}^{(n-2)/2} S_{2r+1} + 2\sum_{r=0}^{(n-2)/2} S_{2r}\right) \tag{10.35}$$

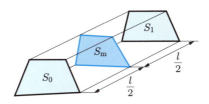

図 10.22 角柱公式

ただし，式 (10.34) は n が偶数の場合の式であり，奇数の場合は最後の 1 区間はほかの方法で計算しなければならない．この方法を角柱公式，またはプリズモイド公式 (prismoidal formula) という．

(2) 両端面平均法

両端面平均法 (end areas formula) は，平均断面法とも呼び，図 10.22 において，中央の断面積がその両端面の距離に比例して断面積が変化していると考えて計算する方法である．式 (10.34) で，$S_m = (S_0 + S_1)/2$ とおいて求めることができる．したがって，区間の体積 V_1 は，

$$V_1 = \frac{l}{2}(S_0 + S_1) \tag{10.36}$$

となり，全体の体積 V は次のようになる．

$$V = \sum_{i=1}^{n} V_i = l\left(\frac{S_0 + S_n}{2} + \sum_{r=1}^{n-1} S_r\right) \tag{10.37}$$

(3) 中央断面法

中央断面法 (middle area formula) は，図 10.22 において，中央の断面積 S_m に区間の距離 l を掛けて求める方法である．したがって，区間の体積 V_1 は，

$$V_1 = lS_m \tag{10.38}$$

となり，全体の体積 V は次のようになる．

$$V = \sum_{i=1}^{n} V_i = l\sum_{r=1}^{n} S_r \tag{10.39}$$

10.7.2 点高法

点高法 (spot levels system) は，広い地域の整地，埋立てなどの土量を求める場合に，その地域全域に等面積の区間に分割し，その交点の標高より体積を求める方法である．分割する区間の形によって，長方形公式と三角形公式の二つの方法がある．

(1) 長方形公式

長方形公式は，面積を長方形に分割する点高法である．図 10.23(a) に示すように，分割した長方体の体積 V_1 は，

$$V_1 = \frac{S_1}{4}(h_a + h_b + h_c + h_d) \tag{10.40}$$

となる．したがって，全体の体積 V は次のようになる．

$$V = \sum_{i=1}^{n} V_i = \frac{S_1}{4}\left(\sum h_1 + 2\sum h_2 + 3\sum h_3 + 4\sum h_4\right) \tag{10.41}$$

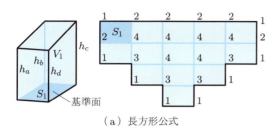
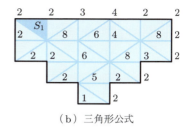

(a) 長方形公式   (b) 三角形公式

図 10.23 点高法

ただし，h_1, h_2, h_3, h_4 は 1，2，3，4 個の四角柱に共有される高さを表す．

(2) 三角形公式

　三角形公式は，長方形に任意の対角線を引いて全地域を三角形に分割する点高法である．図 10.23(b) に示すように，三角形の体積 V_1 は，

$$V_1 = \frac{S_1}{3}(h_a + h_b + h_c) \tag{10.42}$$

となる．したがって，全体の体積 V は次のようになる．

$$V = \sum_{i=1}^{n} V_i = \frac{S_1}{3}\left(\sum h_1 + 2\sum h_2 + \cdots + 7\sum h_7 + 8\sum h_8\right) \tag{10.43}$$

例題 10.2　図 10.24 のような結果を得た．この区域の平均地盤高を，長方形公式と三角形公式で値を求めよ．

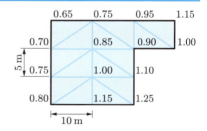

図 10.24 点高法

解

(1) 長方形公式

角柱の高さ：
$$\sum h_1 = 0.65 + 0.80 + 1.15 + 1.00 + 1.25 = 4.85$$
$$\sum h_2 = 0.70 + 0.75 + 0.75 + 0.95 + 1.10 + 1.15 = 5.40$$
$$\sum h_3 = 0.90$$
$$\sum h_4 = 0.85 + 1.00 = 1.85$$

全土量：式 (10.41) より，次式となる．

$$V = \frac{50}{4}(4.85 + 2 \times 5.40 + 3 \times 0.90 + 4 \times 1.85) \fallingdotseq 321.88\,\text{m}^3$$

全面積：

$$S = 50 \times 7 = 350\,\text{m}^2$$

平均地盤高：

$$H = \frac{V}{S} = \frac{321.88}{350} \fallingdotseq 0.92\,\text{m}$$

(2) 三角形公式

角柱の高さ： $\sum h_1 = 0.65 + 1.15 = 1.80$

$\sum h_2 = 0.80 + 1.15 + 1.25 + 1.00 = 4.20$

$\sum h_3 = 0.70 + 0.75 + 0.95 + 1.10 = 3.50$

$\sum h_4 = 0.75 + 0.90 = 1.65$

$\sum h_5 = 0$

$\sum h_6 = 0.85 + 1.00 = 1.85$

全土量：式 (10.43) より，次式となる．

$$V = \frac{25}{3}(1.80 + 2 \times 4.20 + 3 \times 3.50 + 4 \times 1.65 + 6 \times 1.85) = 320.00\,\text{m}^3$$

全面積：

$$S = 25 \times 14 = 350\,\text{m}^2$$

平均地盤高：

$$H = \frac{V}{S} = \frac{320}{350} \fallingdotseq 0.91\,\text{m}$$

答　長方形公式 0.92 m，三角形公式 0.91 m

10.7.3　等高線法

等高線法（calculation of volume from contour lines）は，地形図に描かれている等高線を利用して体積を求める方法である．高い精度は得られないが，比較的容易に計算できるため，砂取り場の土工量，ダムの貯水量など，おおよその容積を求めるときに利用される．まず，図 10.25 に示すように，各等高線に囲まれた面積 $S_0 \sim S_7$ をプラニメーターなどで測定し，両端面平均法により体積を計算する．計画面が傾斜している場合も，同様に計画面で切り取られた各層の面積を測定して近似的な体積を計算できる．

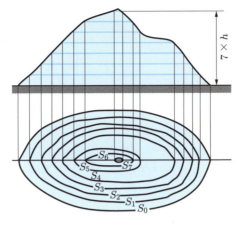

図 10.25　等高線法

演習問題

10.1 図 10.26 の多角形の面積を求めよ．

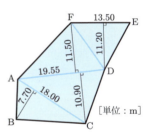

図 10.26

10.2 図 10.27 において，$a = 47.5\,\mathrm{m}$，$b = 36.9\,\mathrm{m}$，$c = 33.8\,\mathrm{m}$ のとき，三角形 ABC の面積を三辺法で求めよ．

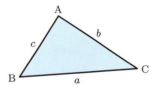

図 10.27

10.3 図 10.28 のような境界線と測線に囲まれた面積を求めよ．

図 10.28

10.4 図 10.29 のような曲線部と測線で囲まれた面積を台形法，シンプソンの第 1 法則，シンプソンの第 2 法則により求めよ．

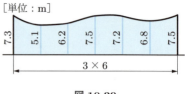

図 10.29

10.5 縮尺 1/400 で描かれた横断面の面積を求めるため，プラニメーターの測桿の長さを 1/400 の指標に合わせ，極を図形外に設置して，第 1 読取り値 1368，第 2 読取り値 1782 を得た．このときの面積を求めよ．ただし，縮尺 1/400 の場合の単位目盛に相当する単位面積は $1.5\,\mathrm{m}^2$ とする．

10.6 演習問題 10.5 において，図の縮尺だけが 1/300 に変わった場合の面積を求めよ．

10.7 △ABC の土地の 1 辺 BC 上の点 D と AB 上の点 E を結び，直線 DE によって，△ABC の面積を 2 等分する場合の BE の長さを求めよ．ただし，測定値は，次のとおりである．

$AB = 50\,\mathrm{m}, \quad BC = 61\,\mathrm{m}, \quad BD = 46\,\mathrm{m}$

10.8 図 10.30 のような値を得た．この地域の平均地盤高を，長方形公式と三角形公式で求めよ．

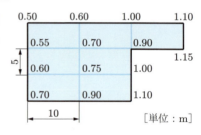

図 10.30

10.9 図 10.31 において，等高線間隔が 20 m で，それぞれの面積をプラニメーターで測定した結果，以下のようになった．このとき，等高線 20 m から 100 m までの土量を両端面平均法によって求めよ．

$S_4 = 8400\,\mathrm{m}^2, \quad S_3 = 5100\,\mathrm{m}^2$

$S_2 = 3000\,\mathrm{m}^2, \quad S_1 = 1800\,\mathrm{m}^2$

$S_0 = 400\,\mathrm{m}^2$

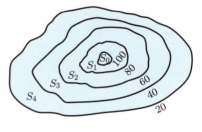

図 10.31

第11章

路線測量

11.1 路線測量とは

　路線測量（route surveying）とは，道路・鉄道などの一般交通運輸，導水路・導水管・灌漑排水路などの導水管路，送電線・索道などの通信輸送に見られる比較的幅が狭く距離が長い線形構造物の計画調査および施工のために行われる測量を総称したものであり，応用測量の一種である．これらのうち，一般に道路関係の測量がほかの測量に比べて利用されることが多いため，本章では，主として道路に関する事項，とくに曲線設置について述べる．

11.2 路線の線形

　路線の中心線の全体的な形状は線形（alignment）と呼ばれる．この中心線を平面上に投影したものを平面線形（planimetric alignment）といい，この平面線形を縦断面上に投影したものを縦断線形（longitudinal alignment）という．平面線形は，平面的に進行方向を変える平面曲線で表され，構成する曲線としては円曲線（circular curve）とさまざまな形の緩和曲線（transition curve）がある．縦断線形は一様な傾斜地の変化点に挿入する曲線で，一般には円曲線または放物線（parabolic curve）が使用されており，縦断曲線という．

11.3 路線測量の手順

　路線測量は，次のような手順で行う．
① 1/25000 または 1/50000 の地形図上に，概略の路線ルートを鉄道，道路との交差位置，建物などを考慮しながら，フリーハンドで数ルート書き入れる．
② 現地調査の結果より，先に小縮尺地形図を選んだ 2, 3 ルートの路線について 1/2500 または 1/5000 の地形図を用いて概略線形を記入し，それらの路線について定規を使用し，平面線形を描いて線形要素を確定する．中心線から縦断図を作成し，計画線を記入して縦断曲線などを決め，諸事情を勘案して比較検討する．このような作業を図上選定（paper location）という．
③ 1/1000 の地形図上で具体的な条件を考慮しながら，基本路線について詳細設計を行う．
④ 計算された路線の中心線上に 20 m 間隔に中心杭すなわちナンバー杭を設置する．

さらに，中心線の変わるところでは役杭を，地形の変化点などにはプラス杭を設置する．

路線の中心線は，主要点（役杭）と中間杭（ナンバー杭，プラス杭）で示される．役杭とは，路線の線形を構成するために必要不可欠な測点であり，路線の始点と終点，接続する二つの直線部を延長した交点，円曲線の始点と終点，緩和曲線の始点と終点の位置を示す杭である．ナンバー杭は中心杭とも呼ばれ，路線の起点から中心線上に一定間隔（通常 20 m）で設置する杭である．起点の杭を No.0 として順次番号をつけていく．プラス杭とは，地形の傾斜変化点や地物（鉄道，道路，河川，水路など）と設計路線の中心線が交差する点に設置する杭である．その位置は最寄りのナンバー杭からの距離で示す．たとえば，No.283 + 8.74 m とは，No.283 の杭から 8.74 m の位置にある杭を表し，路線の起点からは $283 \times 20\,\text{m} + 8.74\,\text{m} = 5668.74\,\text{m}$ の位置にある．

11.4 曲線の分類

路線に使用される曲線（curve）は，水平面上の曲線を平面曲線（horizontal curve），縦断面上の曲線を縦断曲線（vertical curve）および横断曲線（cross section curve）といい，その形状および性質によって分類すると図 11.1 に示すとおりである．

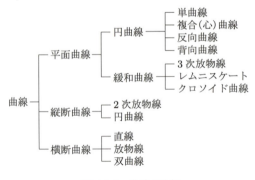

図 11.1 曲線の分類

図 11.2 に平面曲線の種類を示す．

① 単曲線（simple curve）：一つの円曲線からなる曲線である（図 11.2(a)）．
② 複合曲線（compound curve）：共通接線をもって同じ側にそれらの中心点があり，半径の異なる二つの円曲線である（図 11.2(b)）．
③ 反向曲線（reversed curve）：複合曲線と同じであるが，半径の中心点が共通接線の両側にある曲線で反対方向に曲がる曲線であり，S カーブとも呼ばれている（図 11.2(c)）．

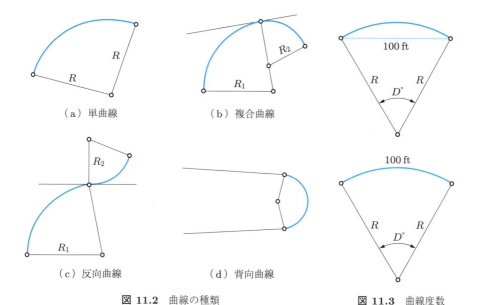

図 11.2　曲線の種類

図 11.3　曲線度数

④ 背向曲線（hair pin curve）：曲線半径が極端に小さい場合であり，地形が非常に険しく屈曲が多い箇所に用いる曲線である（図 11.2(d)）．

曲線の大きさを表す方法として，日本，ヨーロッパでは曲線半径（radius of curve）R を使用しているが，アメリカでは図 11.3 に示すような弦や弧が 100ft になるときの扇形の中心角である曲線度数（degree of curve）D を使用している．

11.5　円曲線の各部の名称と基本式

11.5.1　円曲線各部の名称

円曲線の各部は，図 11.4，表 11.1 に示すような名称と略語・記号で表す．

11.5.2　円曲線の基本式

円曲線は曲率が一定のため，図 11.4 に示すような幾何学的条件より曲線半径 R と交角 I.A. を与えることにより，以下の諸量を容易に求めることができる．

① 接線長：$\text{T.L.} = R \tan \dfrac{I}{2}$ 　　　　　　　　　　　　　　　　　(11.1)

② 曲線長：$\text{C.L.} = RI \, [\text{rad}]$

$$= R\dfrac{\pi}{180}I° \fallingdotseq 0.01745RI° \qquad (11.2)$$

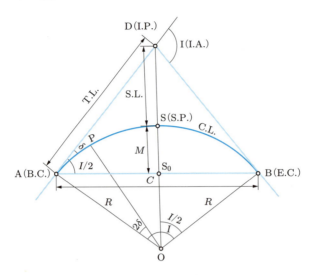

図 11.4 円曲線

表 11.1 円曲線各部の名称

略語・記号	各部の名称	摘要
B.C.	曲線始点 (beginning of curve)	A
E.C.	曲線終点 (end of curve)	B
S.P.	曲線中点 (secant point)	S
I.P.	交点 (intersection point)	D
I.A.	交角 (intersection angle)	I
I	中心角 (central angle)	∠AOB
R	曲線半径 (radius of curve)	OA = OB
C.L.	曲線長 (curve length)	$\widehat{AB}$
C	弦長 (long chord)	AB
M	中央縦距 (middle ordinate)	SS_0
T.L.	接線長 (tangent length)	AD = BD
S.L.	外線長 (外割, 正矢, external secant)	DS
δ	偏角 (deflection angle)	∠DAP
$I/2$	総偏角 (total deflection angle)	∠DAB = ∠DBA

③ 弦長：$C = 2R \sin \dfrac{I}{2}$ \hfill (11.3)

④ 中央縦距：$M = R - R \cos \dfrac{I}{2} = R\left(1 - \cos \dfrac{I}{2}\right)$ \hfill (11.4)

⑤ 外線長：$\text{S.L.} = R \sec \dfrac{I}{2} - R = R\left(\sec \dfrac{I}{2} - 1\right)$ \hfill (11.5)

11.6 曲線設置法

11.6.1 偏角弦長法

　偏角弦長法（deflection angle method）は，最も一般的な曲線設置法で，曲線始点 A にトランシットを据え，円曲線の接線からの偏角と距離（弦長）を測って曲線を設置する方法である．図 11.4 において，弧長 $\overparen{AP}$ を l とし，偏角 $\delta = \angle DAP$ とすると $\overparen{AP}$ に対する中心角は 2δ であるから，δ[rad] を分で表すと，

$$2\delta R = l$$

$$\therefore \quad \delta = \frac{l}{2R}\,[\text{rad}] = \frac{1}{2} \times \frac{180° \times 60'}{\pi} \times \frac{l}{R} = 1718.87' \frac{l}{R} \tag{11.6}$$

となる．また，AP の弦長を c とすれば，

$$c = 2R\sin\delta = 2R\sin\left(\frac{1}{2} \times \frac{l}{R}\right)$$

となる．したがって，弧長 l と弦長 c の差は次のようになる．

$$l - c \fallingdotseq \frac{l^3}{24R^2} \tag{11.7}$$

一般に，路線起点から 20 m ずつ中心杭を打設していくが，曲線始点 A（B.C.）および曲線終点 B（E.C.）のところで端数の距離が生じる．この端数距離のことを，曲線始点 A 側で始短弦（first subchord），曲線終点 B 側で終短弦（last subchord）という．この始短弦および終短弦をそれぞれ l_1，l_2 とすれば，それらに対する偏角 δ_1，δ_2 は，式 (11.6) より次式となる．

$$\delta_1 = 1718.87' \frac{l_1}{R} \tag{11.8}$$

$$\delta_2 = 1718.87' \frac{l_2}{R} \tag{11.9}$$

以上のことより，図 11.5 に示す偏角弦長法による曲線設置は，次の手順で行う．

① B.C. の点 A にトランシットを据え，始短弦に対する偏角 δ_1 を AD 方向より振る．
② その視準線中に B.C. より始短弦 l_1 を測り，中間点 P_1 を設置する．
③ 20 m に対する偏角 δ を加えた角（$\delta_1 + \delta$）を振り，その視準線中と P_1 からとった 20 m の交点を中間点 P_2 とする．
④ 同じように P_3，P_4，$\cdots$，P_n を設置する．
⑤ 終短弦に対する偏角 δ_2 を加えた角（$\delta_1 + n\delta + \delta_2$）を振り，その視準線中と P_n からとった終短弦 l_2 の交点を求める．このときの交点と曲線終点 B は E.C. として理論的には一致するはずである．すなわち，次式が成り立つ．

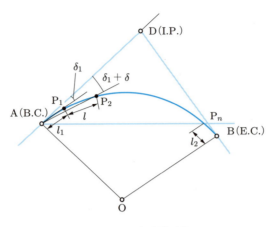

図 11.5 偏角弦長法

$$\delta_1 + n\delta + \delta_2 = \frac{I}{2} \tag{11.10}$$

厳密にいえば，この方法では弧長と弦長が等しいものとして中間点を設置しているので，測量に誤りがなくてもわずかに誤差が生じる．式 (11.7) は弧長と弦長の差を表したものである．一般に，$l/R \leqq 1/10$ であれば誤差は 10 mm 以下となり，弧長と弦長が等しいとしても問題はない．誤差が小さいときには距離に比例して各点に配分すればよい．

例題 11.1　交角 $36°20'$，曲線半径 400 m，路線交点の追加距離が 5.8 km として偏角弦長法で単曲線を測設せよ．

解

まず，基本式で各要素を求める．
接線長：式 (11.1) より次式となる．

$$\text{T.L.} = R \tan \frac{I}{2} = 400 \times \tan \frac{36°20'}{2} \fallingdotseq 131.26 \text{ m}$$

曲線長：式 (11.2) より次式となる．

$$\text{C.L.} = 0.01745 R I° = 0.01745 \times 400 \times 36°20' \fallingdotseq 253.61 \text{ m}$$

弦長：式 (11.3) より次式となる．

$$C = 2R \sin \frac{I}{2} = 2 \times 400 \times \sin \frac{36°20'}{2} \fallingdotseq 249.43 \text{ m}$$

中央縦距：式 (11.4) より次式となる．

$$M = R \left(1 - \cos \frac{I}{2}\right) = 400 \left(1 - \cos \frac{36°20'}{2}\right) \fallingdotseq 19.94 \text{ m}$$

外線長：
$$\text{S.L.} = R\left(\sec\frac{I}{2} - 1\right) = 400\left(\sec\frac{36°20'}{2} - 1\right) \fallingdotseq 20.98\,\text{m}$$

曲線始点：
$$\text{B.C.} = 5800.00 - 131.26 = 5668.74\,\text{m}\quad(\text{No.283} + 8.74\,\text{m})$$

曲線終点：
$$\text{E.C.} = 5668.74 + 253.61 = 5922.35\,\text{m}\quad(\text{No.296} + 2.35\,\text{m})$$

次に，偏角法による曲線中間点の測設条件を計算する．

始短弦：
$$l_1 = 20.00 - (5668.74 - 5660.00) = 11.26\,\text{m}$$

終短弦：
$$l_2 = 5922.35 - 5920.00 = 2.35\,\text{m}$$

始短弦に対する偏角：式(11.8)より次式となる．
$$\delta_1 = 1718.87'\frac{l_1}{R} = 1718.87' \times \frac{11.26}{400} \fallingdotseq 48'23.10''$$

終短弦に対する偏角：式(11.9)より次式となる．
$$\delta_2 = 1718.87'\frac{l_2}{R} = 1718.87' \times \frac{2.35}{400} \fallingdotseq 10'05.54''$$

20 m に対する偏角：式(11.6)より次式となる．
$$\delta = 1718.87'\frac{l}{R} = 1718.87' \times \frac{20}{400} \fallingdotseq 1°25'56.37''$$

したがって，偏角と中間点の関係は表11.2のようになる．図11.6は計算例における各要素を示したものである．

偏角の誤差：
$$\Delta\delta = \sum\delta - \frac{I}{2} = 18°09'41'' - \frac{36°20'}{2} = -19''$$

終短弦における誤差 Δc：
$$\Delta c = \Delta\delta C\frac{1}{\rho''} = \frac{20 \times 249.43}{60' \times 60'' \times 180°/\pi} \fallingdotseq 24\,\text{mm}$$

表 11.2 偏角計算

測 点	追加距離	δ	偏 角
No.283+8.74m (B.C.)	5668.74	—	—
No.284	5680.00	δ_1	0°48′23″
No.285	5700.00	$\delta_1 + \delta$	2 14 19
No.286	5720.00	$\delta_1 + 2\delta$	3 40 15
No.287	5740.00	$\delta_1 + 3\delta$	5 06 11
No.288	5760.00	$\delta_1 + 4\delta$	6 32 07
No.289	5780.00	$\delta_1 + 5\delta$	7 58 03
No.290	5800.00	$\delta_1 + 6\delta$	9 23 59
No.291	5820.00	$\delta_1 + 7\delta$	10 49 55
No.292	5840.00	$\delta_1 + 8\delta$	12 15 51
No.293	5860.00	$\delta_1 + 9\delta$	13 41 47
No.294	5880.00	$\delta_1 + 10\delta$	15 07 43
No.295	5900.00	$\delta_1 + 11\delta$	16 33 39
No.296	5920.00	$\delta_1 + 12\delta$	17 59 35
No.296+2.35 m (E.C.)	5922.35	$\delta_1 + 12\delta + \delta_2$	18 09 41
		$\dfrac{I}{2} = 18\ 10'$	

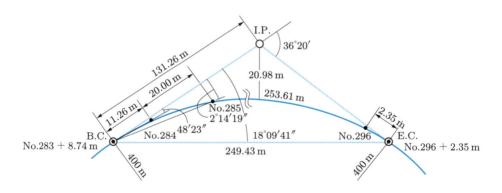

図 11.6 計算例における各要素

11.6.2 弦角弦長法

弦角弦長法 (chord angle method) は，B.C. あるいは E.C. から中間点の見通しに障害がある場合に用いられることが多く，偏角弦長法と合わせて使用される．図 11.7 において，P_1，P_2 は偏角弦長法により定められたが，P_3 が見通せない場合にはトラ

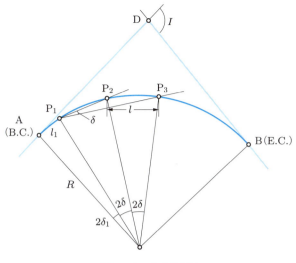

図 11.7 弦角弦長法

ンシットを P_1 に据え，∠$P_2P_1P_3 = \delta$，$P_2P_3 = l$ であるので弦長 P_2P_3 に対する弦角を δ とり，その視準線上に P_2 より l を測って P_3 を決定する．以下，同じ操作を繰り返して中間点を決定していく．

11.6.3 前方交会法

前方交会法（foward intersection method）は，偏角だけを使用して中間点を設置する方法であり，見通しがよく平坦地での作業に適している．したがって，距離測定を必要とせず，弦長と弧長が等しいとみなすための誤差は生じない．作業方法としては，図 11.5 において点 A（B.C.）および点 B（E.C.）にそれぞれトランシットを据え，偏角 δ_1 と偏角 $\delta_2 + n\delta$ の交点によって中間点 P_1 を決定し，偏角 $\delta_1 + \delta$ と偏角 $\delta_2 + (n-1)\delta$ の交点によって中間点 P_2 を決定する．以下，同じ方法を繰り返して中間点を設置する方法である．

11.6.4 中央縦距法

中央縦距法（method of middle ordinate）は，図 11.8 に示すように，弦の中央縦距 M を順次求めて弦長を細分割し，中間点を測設する方法であり，土方カーブとも呼ばれる．また，図 11.8 よりわかるように，分割してできた弦の中点から一つ前の中央縦距の 1/4 ずつ分割していくことによって測設するため，1/4 法とも呼ばれている．

曲線設置の手順は，最初に点 A（B.C.）と点 B（E.C.）の弦の中間点 S_0 から垂線を立てて中央縦距 M_0 を測り，中心杭 P_0 を測設する．順次 2 分した点 S_1，S_2，…

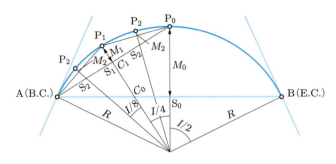

図 11.8 中央縦距法

を求め，M_1，M_2，$\cdots$ を測設する．M_0，M_1，M_2，$\cdots$ は，図 11.8 および式 (11.4) より次のようになる．

$$M_0 = R\left(1 - \cos\frac{I}{2}\right)$$

$$M_1 = R\left(1 - \cos\frac{I}{4}\right)$$

$$M_2 = R\left(1 - \cos\frac{I}{8}\right)$$

$$\vdots$$

$$M_n = R\left(1 - \cos\frac{I}{2^{n+1}}\right) \tag{11.11}$$

式 (11.11) は一定の弦長に対する中央縦距が曲線上のどの位置においても一定値であることを示しているので，一般に $M_1 = M_0/4$，$M_2 ≒ M_1/4$，$\cdots$，$M_n ≒ M_{n-1}/4$ で簡略に求めてもよい．なお，弦長は式 (11.3) で求められる．

11.6.5　偏距法

　偏距法（method of chord deflection）は，巻尺とポールのみで曲線中間点を測設する方法であり，高い精度は期待できないが，作業が簡単であり，半径の小さい農道，林道，山道などに適した測設法である．いま，図 11.9 に示す測設の手順は，次のように行う．

① 点 A（B.C.）から D 方向に始短弦 l_1 をとり，点 Q_1 とする．
② 点 Q_1 から t_1 をとり，A から l_1 をとり，その交点を中間点 P_1 とする．
③ 点 A から t_1 を，点 P_1 から l_1 をとってその交点を A′ とし，A′P_1 の延長線上に点 P_1 から l をとって Q_2 とする．
④ 点 Q_2 から t をとり，点 P_1 から l をとり，その交点を中間点 P_2 とする．

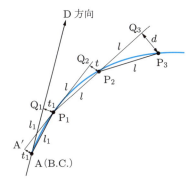

図 11.9 偏距法

⑤ P_1P_2 の延長線上に点 P_2 から l をとり，点 Q_3 とする．
⑥ 点 Q_3 から d をとり，点 P_2 から l をとり，その交点を中間点 P_3 とする．
⑦ 同じようにして，P_4, P_5, ⋯ を順次測設する．ここに，t_1, t は l_1, l に対する接線偏距（tangent deflection），d は弦偏距（chord deflection）といい，図 11.9 より $t = d/2$, $l_1/R = t_1/l_1$, $l/R = d/l$ の関係から次のようになる．

$$d = \frac{l^2}{R}$$
$$t = \frac{d}{2} = \frac{l^2}{2R} \tag{11.12}$$
$$t_1 = \frac{l_1{}^2}{2R}$$

11.6.6 支距法

支距法（offset method）も偏距法と同様，巻尺のみで曲線中間点を測設する方法であり，図 11.10 に示すように曲線始点 A を原点として D 方向を X 軸，点 A に直角に Y 軸をとり，始点 A から曲線上に l をとった点を点 P_1 とすれば，図 11.10, 式 (11.3) より次のようになる．

$$l = 2R \sin \delta$$
$$x = l \cos \delta = 2R \sin \delta \cos \delta$$

ここで，$\sin 2\delta = 2 \sin \delta \cos \delta$ より次式となる．

$$\therefore \quad x = R \sin 2\delta \tag{11.13}$$
$$y = l \sin \delta = 2R \sin^2 \delta$$

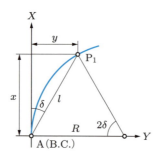

図 11.10 支距法

ここで，$\cos 2\delta = 1 - 2\sin^2 \delta$ より次式となる．

$$\therefore \quad y = R(1 - \cos 2\delta) \tag{11.14}$$

11.7 障害物がある場合の曲線設置法

11.7.1 交点に近づけない場合

図 11.11 に示すように，点 A（B.C.），点 B（E.C.）の両接線上に互いに見通しのきく点 P，Q を測設する．∠p，∠q を測定すると，△PQD より交角 I.A. は，

$$\text{I.A.} = \angle p + \angle q \tag{11.15}$$

となる．次に，点 P，Q から B.C. および E.C. までの距離を求める．まず，PQ の距離 l を求める．△PQD に正弦定理を適用すると，次のようになる．

$$\frac{\text{QD}}{\sin p} = \frac{l}{\sin(180° - \text{I.A.})} \tag{11.16}$$

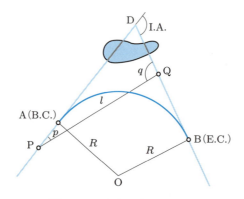

図 11.11 交点に近づけない場合

$$\therefore \quad \mathrm{QD} = \frac{l\sin p}{\sin(180° - \mathrm{I.A.})} = l\frac{\sin p}{\sin \mathrm{I.A.}} \quad (11.17)$$

$$\frac{\mathrm{PD}}{\sin q} = \frac{l}{\sin(180° - \mathrm{I.A.})} \quad (11.18)$$

$$\therefore \quad \mathrm{PD} = \frac{l\sin q}{\sin(180° - \mathrm{I.A.})} = l\frac{\sin q}{\sin \mathrm{I.A.}} \quad (11.19)$$

ここで，$\mathrm{AD} = \mathrm{BD} = \mathrm{TL} = R\tan(\mathrm{I.A.}/2)$ より，次式のようになる．

$$\mathrm{PA} = \mathrm{PD} - \mathrm{AD} = l\frac{\sin q}{\sin \mathrm{I.A.}} - R\tan\frac{\mathrm{I.A.}}{2} \quad (11.20)$$

$$\mathrm{QB} = \mathrm{BD} - \mathrm{QD} = R\tan\frac{\mathrm{I.A.}}{2} - l\frac{\sin p}{\sin \mathrm{I.A.}} \quad (11.21)$$

11.7.2 曲線始点に障害物がある場合

図 11.12 に示すように曲線中点にトランシットを据え，その中点における接線を X 軸，OD を Y 軸とし，11.6.6 項の支距法と同じ方法で中点から x, y をとって，順次，曲線中間点を決定していく．

$$\mathrm{AP} = 2R\sin\frac{\delta}{2}$$

$$\mathrm{DA} = R\tan\frac{\mathrm{I.A.}}{2}$$

$$\mathrm{AQ} = \mathrm{AP}\cos\frac{\delta}{2}$$

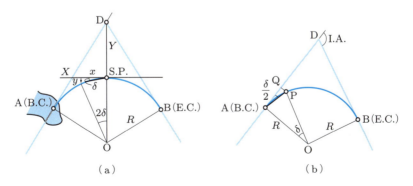

図 11.12　曲点始点に障害物がある場合

$$\mathrm{DQ} = R\tan\frac{\mathrm{I.A.}}{2} - 2R\sin\frac{\delta}{2}\cos\frac{\delta}{2} = R\tan\frac{\mathrm{I.A.}}{2} - R\sin\delta$$
$$= R\left(\tan\frac{\mathrm{I.A.}}{2} - \sin\delta\right)$$
$$\mathrm{PQ} = R - R\cos\delta = R(1-\cos\delta)$$

11.7.3 曲線始点より中間点が見通せない場合

図 11.13 において，曲線始点 B.C. から点 P_2 が見通せない場合は，測点 P_1 にトランシットを据えて B.C. を後視し，反転して偏角 $(\delta_1+\delta)$ を振って視準すれば中間点 P_2 を視準することになるので，弦長をとって点 P_2 を決定する．

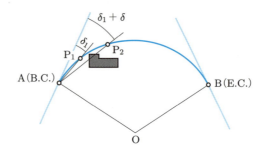

図 11.13 曲線始点から中間点が見通せない場合

11.8 緩和曲線

11.8.1 緩和曲線とは

車輌が路線を直線から円曲線に沿って一定の速度で走行するとき，その接合部において曲線半径が無限大から円曲線の半径にまで変化するため，急激に遠心力が作用し，快適な走行を保つことができず走行上非常に危険である．これらの影響を緩和するために直線と円曲線の間に挿入する曲線を緩和曲線（transition curve）といい，視覚的にもなめらかな曲線である．緩和曲線を用いることで，地形に合わせて自然に，かつ快適な走行ができるような線形計画を立てることができるようになった．

11.8.2 緩和曲線の種類

① **3次放物線**（cubic parabola curve）：図 11.14 に示すように，3次式 $y = x^3/(6RX)$ で表され，曲率 $1/R$ が横距 x に比例する曲線のことである．ただし，X は緩和曲線終点の横距である．

② **レムニスケート曲線**（lemniscate curve）：図 11.15 に示すように，極座標で表すと $S_i{}^2 = 3RS\sin 2\sigma$ で表され，曲率が動径 S に比例する曲線のことである．ただ

し，動径は極座標における点までの長さである．
③ **クロソイド曲線**（clothoid curve）：図 11.16 に示すように，曲率が曲線長 L に比例する曲線のことである．
④ **半波長正弦逓減曲線**（successive diminution curve）：図 11.17 に示すように，近似的に $X_\mathrm{m} = X/2$，$\Delta R = 0.023679 X^2/R$，曲率の変化を正弦曲線 $\sin(-\pi/2 \sim \pi/2)$ に合致させた曲線のことである．

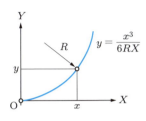

図 11.14　3 次放物線

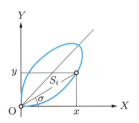

図 11.15　レムニスケート曲線

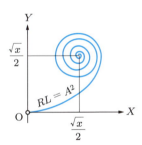

図 11.16　クロソイド曲線

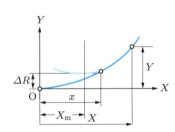

図 11.17　半波長正弦逓減曲線

11.9　クロソイド曲線

11.9.1　クロソイド曲線の基本式

　クロソイド曲線は前述したように曲率が曲線長 L に比例する曲線であるから，この性質を数式で表現すると次のようになる．

$$\frac{1}{R} = C \cdot L \quad \text{または} \quad R \cdot L = \frac{1}{C} \tag{11.22}$$

ここに，C は定数である．R, L は長さの単位をもつので，左辺は m^2 の単位となる．したがって，右辺もこれに合わせて $1/C$ の代わりに A^2 とすれば，

$$R \cdot L = A^2 \tag{11.23}$$

となる．式 (11.23) をクロソイド曲線の基本式といい，この条件を満足する曲線をク

ロソイド曲線という．A をクロソイド曲線のパラメータ（parameter of clothoid）といい，長さの次元をもち，A の大小によりクロソイド曲線の大きさが決まる．R, L, A のうち二つが決まれば，ほかの一つは式 (11.23) で簡単に求められる．A の値を変化させることにより，クロソイド曲線の線形も無限に変化するが，路線の調和などを考慮すると，パラメータ A は $R/3 \leqq A \leqq R$ の範囲であることが望ましい．また，式 (11.23) の両辺を A^2 で割ると，

$$\frac{R}{A} \cdot \frac{L}{A} = 1 \tag{11.24}$$

となる．ここで，$R/A = r, L/A = l$ とすると，

$$r \cdot l = 1 \tag{11.25}$$

となる．このように，$A = 1\,\mathrm{m}$ としたものを単位クロソイド（unit clothoid）といい，R, L の代わりに小文字の r, l を用いる．クロソイド曲線の各部分，およびクロソイド曲線に直接関連のある諸量を総称してクロソイド曲線の要素といい，通常 l を基準に求められる．単位クロソイドのクロソイド曲線の要素を計算したものは，単位クロソイド表として作成されているので，パラメータ A というクロソイド曲線の要素のうち，長さの次元をもつものは，単位クロソイド表から要素を読み取って A 倍すればよい．

11.9.2 クロソイド曲線の要素と記号

クロソイド曲線の各部の名称と記号は，図 11.18，表 11.3 に示すとおりである．

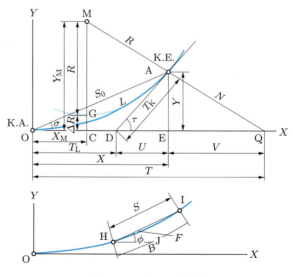

図 11.18 クロソイド曲線

表 11.3 クロソイド曲線各部の名称

略語・記号	各部の名称	摘要
K.A.	クロソイド始点（Klothoid anfang）	O
M	クロソイド終点における曲率中心	M
K.E.	クロソイド終点（Klothoid ende）	A
	主接線（クロソイド原点における接線）	OX
X, Y	K.E. の座標	OE, AE
L	クロソイド曲線長	$\widehat{OA}$
R	K.E. における曲線半径	AM
ΔR	移程量（シフト）	CG
X_M, Y_M	点 M の座標	OC, CM
τ	K.E. における接線角	∠ADE
σ	K.E. の極角	∠AOC

略語・記号	各部の名称	摘要
T_K	短接線長	AD
T_L	長接線長	OD
S_0	動径	OA
N	法線長	AQ
U	T_K の主接線への投影長	DE
V	N の主接線への投影長	EQ
T	原点から MA の延長線と主接線の交点までの距離（$T = X + V = T_L + U + V$）	OQ
B	曲線長	$\widehat{HI}$
S	弦長	HI
ϕ	弦角	∠IHJ
F	拱矢	
W	I.P. から移程量地点までの距離	
D	I.P から K.A. までの距離	

11.9.3 クロソイド曲線の公式

曲線半径：$R = \dfrac{A^2}{L} = \dfrac{A}{l} = \dfrac{L}{2\tau} = \dfrac{A}{\sqrt{2\tau}}$ (11.26)

曲線長：$L = \dfrac{A^2}{R} = \dfrac{A}{r} = 2\tau R = A\sqrt{2\tau}$ (11.27)

接線角：$\tau = \dfrac{L}{2R} = \dfrac{L^2}{2A^2} = \dfrac{A^2}{2R^2}$ (11.28)

パラメータ：$A^2 = R \cdot L = \dfrac{L^2}{2\tau} = 2\tau R^2$ (11.29)

$\qquad A = \sqrt{R \cdot L} = l \cdot R = L \cdot r = \dfrac{L}{\sqrt{2\tau}} = \sqrt{2\tau} R$ (11.30)

X, Y 座標：$X = L\left(1 - \dfrac{L^2}{40R^2} + \dfrac{L^4}{3456R^4} - \dfrac{L^6}{599040R^6} + \cdots\right)$ (11.31)

$\qquad Y = \dfrac{L^2}{6R}\left(1 - \dfrac{L^2}{56R^2} + \dfrac{L^4}{7040R^4} - \dfrac{L^6}{1612800R^6} + \cdots\right)$ (11.32)

極角：$\sigma = \tan^{-1}\dfrac{Y}{X}$ (11.33)

動　径：$S_0 = \sqrt{X^2 + Y^2} = \dfrac{X}{\cos \sigma} = \dfrac{Y}{\sin \sigma} = X \sec \sigma = Y \operatorname{cosec} \sigma$ \hfill (11.34)

移程量：$\Delta R = Y + R \cos \tau - R$ \hfill (11.35)

点 M の座標：$X_M = X - R \sin \tau$ \hfill (11.36)

$\qquad\qquad Y_M = R + \Delta R$ \hfill (11.37)

短接線長：$T_K = \dfrac{Y}{\sin \tau} = Y \operatorname{cosec} \tau$ \hfill (11.38)

長接線長：$T_L = X - \dfrac{Y}{\tan \tau} = X - Y \cot \tau$ \hfill (11.39)

法線長：$N = \dfrac{Y}{\cos \tau} = \dfrac{R + \Delta R}{\cos \tau} - R$ \hfill (11.40)

投影長：$V = Y \tan \tau$ \hfill (11.41)

$\qquad\quad U = \dfrac{Y}{\tan \tau}$ \hfill (11.42)

I.P.から移程量地点までの距離：$W = (R + \Delta R) \tan \dfrac{I}{2}$ \hfill (11.43)

I.P.から K.A.までの距離：$D = W + X_M$ \hfill (11.44)

11.9.4　クロソイド曲線の性質

① クロソイド曲線は，図 11.16 に示すように，ら線形である．
② すべてのクロソイド曲線は相似である．パラメータ A を変えることにより，大きさの異なるクロソイド曲線は無数にできる．
③ パラメータ A はメートル単位をもつが，呼ぶときには単位は付けないで呼ぶ．パラメータ $A = 100$ m のクロソイド曲線を 1/1000 の図面に表示するには，$A = 10$ cm のクロソイド曲線を書けばよい．
④ クロソイド曲線の要素には，長さの次元をもつものと無次元のものとある．
　●次元をもつもの [単位：m]：L, X, Y, X_M, R, ΔR, T_K, T_L など
　●無次元のもの：τ, σ, $\Delta r/r$, $\Delta R/R$, l/r, L/R など
⑤ ある点のクロソイド曲線の要素のうち，二つが決まればほかの要素も求めることができる．また，無次元の要素が一つ与えられると，単位クロソイド表から，それらを A 倍することによりクロソイド曲線の要素を求めることができる．また，基本式 $A^2 = R \cdot L$ から明らかなように，三つの要素を任意に選んで解くことはできない．ただし，卵型と複合型の場合には条件は 3 個必要である．

⑥ クロソイド曲線は，移程量 ΔR の中点とクロソイド始点 K.A. とクロソイド終点 K.E. の中点を通る．なお，ΔR の概算値は $\Delta R \fallingdotseq L^2/(24R)$ で求めると便利である．

⑦ クロソイド曲線では $R = L = A$ の点をクロソイド曲線の特性点と呼び，この点の接線角 τ をラジアンで示せば $\tau = L/2R = 0.5\,\mathrm{rad}$，すなわち $28°38'52''$ である．このときの接線長の比は $T_\mathrm{K} : T_\mathrm{L} = 1 : 2$ である．

⑧ パラメータ A の大きなクロソイド曲線は，曲率の勾配が小さく曲率の増加が緩やかになり，高速道路に適している．また，A の小さい場合は，逆に低速道路に適している．

11.9.5 クロソイド曲線の線形要素の組合せ

直線，円曲線，クロソイド曲線の組合せ方により，図 11.19 に示すような 5 種類の形式がある．

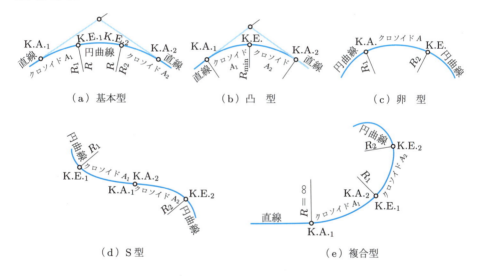

図 11.19 クロソイド曲線の形式

(1) 基本型

直線，クロソイド曲線，円曲線あるいは円曲線，クロソイド曲線，直線の順序に組み合わせた型であり，最も一般的に使用されており，基本型と呼ばれる．基本型には左右のパラメータが等しい（$A_1 = A_2$）対称型と，左右のパラメータが異なる（$A_1 \neq A_2$）非対称型がある．なお，基本型の設計において，クロソイド曲線のパラメータ A，円曲線の曲線半径 R，クロソイド曲線長 L，円曲線長 L_c の関係は，以下の条件を考慮しながら設計するとよい．

$$\frac{R}{2} \leqq A \leqq R,\ \Delta R > 0.20\,\mathrm{m}$$

$$\frac{L_\mathrm{c}}{2} \leqq L \leqq L_\mathrm{c},\ 1.5\,R \leqq A \leqq 2.0\,R$$

条件より，基本型ではクロソイド曲線長と円曲線長の距離が等しい場合に全体的に整った形となる．

(2) 凸　型

二つのクロソイド曲線の曲率の小さい点 K.E. で結びつけたもので，直線，クロソイド曲線，クロソイド曲線，直線の順に組み合わせた型を凸型と呼び，$A_1 = A_2$ のものを対称型，$A_1 \neq A_2$ のものを非対称型という．凸型は，最小曲線半径が制限されており，一般に曲線半径，パラメータともに最小値で平面線形として表されることが多い．

(3) 卵　型

二つの半径の異なる同方向に曲がる円曲線を一つのクロソイド曲線で結んだ型を卵型と呼ぶ．一つのクロソイド曲線だけを使用して卵型のクロソイド曲線をつくるためには，大きい円曲線が小さい円曲線を完全に包みこむことが必要である．また，クロソイド曲線は原点から使用されず，曲線半径の中間部を用いることになる．

(4) S　型

互いに離れており，反向する二つの円曲線をクロソイド曲線で結んだ型を S 型と呼ぶ．パラメータを $A_1 = A_2$ と一つのクロソイド曲線で結ぶことができれば，車輌の走行上において非常に都合がよい．

(5) 複合型

二つ以上のクロソイドを曲率の等しい位置で結んだ型を複合型と呼ぶ．複合型では，パラメータの大きいクロソイド曲線から小さいクロソイド曲線へと結ぶのが一般的である．

11.9.6　クロソイド表，クロソイド定規

クロソイド曲線の各要素は式 (11.22)〜(11.44) により表されるが，簡単に各要素を算出するためにクロソイド曲線の性質を利用し，数表化したものが日本道路協会より「クロソイドポケットブック」として発行されている．以下，各種数表を示す．

(1) 単位クロソイド表

単位クロソイド表は，曲線中間点を求めるための表であり，図 11.20，表 11.4 に示すように，パラメータ $A = 1\,\mathrm{m}$ としたときのクロソイド始点からの各要素を示したものである．パラメータが与えられたときは，r や l などの長さの次元をもつ要素をパラメータ倍すればよい．

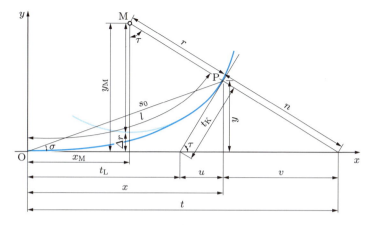

図 11.20 単位クロソイド曲線

表 11.4 単位クロソイド表

l	τ [° ′ ″]	σ [° ′ ″]	r	Δ_r	x_M	x	y
0.000000	00 00 00	00 00 00		0.000000	0.000000	0.000000	0.000000
1000	0	0		0	500	1000	0
0.001000	00 00 00	00 00 00	1000.000000	0.000000	0.000500	0.001000	0.000000
1000	0	0	500.000000	0	500	1000	0
0.002000	00 00 00	00 00 00	500.000000	0.000000	0.001000	0.002000	0.000000
1000	1	0	166.666667	0	500	1000	0
0.003000	00 00 01	00 00 00	333.333333	0.000000	0.001500	0.003000	0.000000
1000	1	1	83.333333	0	500	1000	0
0.004000	00 00 02	00 00 01	250.000000	0.000000	0.002000	0.004000	0.000000
1000	1	0	50.000000	0	500	1000	0
0.005000	00 00 03	00 00 01	200.000000	0.000000	0.002500	0.005000	0.000000
1000	1	0	33.333334	0	500	1000	0
0.006000	00 00 04	00 00 01	166.666666	0.000000	0.003000	0.006000	0.000000
1000	1	1	23.809524	0	500	1000	0
0.007000	00 00 05	00 00 02	142.857142	0.000000	0.003500	0.007000	0.000000
1000	2	0	17.857142	0	500	1000	0
0.008000	00 00 07	00 00 02	125.000000	0.000000	0.004000	0.008000	0.000000
1000	1	1	13.888889	0	500	1000	0

(2) クロソイド A 表

クロソイド曲線の各要素を求めるための表であり，図 11.21，表 11.5 に示すようにパラメータ A が決定した場合，またはこれから決定しようとする場合において，半径 R との組合せについて各要素を示したものである．

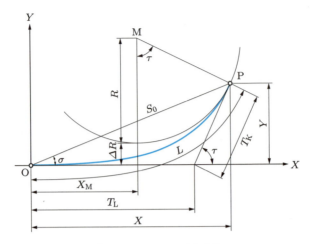

図 11.21　クロソイド曲線

表 11.5　クロソイド A 表

$A = 55, 1/A = 0.018181818, A^2 = 3025, 1/(6A^2) = 0.000055096418$									
R	L	$\tau[° \ ' \ '']$	$\sigma[° \ ' \ '']$	ΔR	X_M	X	Y	T_K	T_L	S_0
300	10.083	0 57 46	0 19 15	.014	5.042	10.083	.056	3.361	6.722	10.083
250	12.100	1 23 12	0 27 44	.024	6.050	12.099	.098	4.034	8.067	12.100
225	13.444	1 42 42	0 34 14	.033	6.722	13.443	.134	4.482	8.963	13.444
200	15.125	2 09 59	0 43 20	.048	7.562	15.123	.191	5.042	10.084	15.124
190	15.921	2 24 02	0 48 01	.056	7.960	15.918	.222	5.308	10.615	15.920
180	16.806	2 40 29	0 53 30	.065	8.402	16.802	.261	5.603	11.205	16.804
175	17.286	2 49 47	0 56 36	.071	8.642	17.281	.285	5.763	11.525	17.284
170	17.794	2 59 55	0 59 58	.078	8.896	17.789	.310	5.933	11.864	17.792
160	18.906	3 23 07	1 07 42	.093	9.452	18.900	.372	6.304	12.606	18.903
150	20.167	3 51 06	1 17 02	.113	10.082	20.158	.452	6.725	13.448	20.163
140	21.607	4 25 17	1 28 25	.139	10.801	21.594	.556	7.206	14.409	21.601
130	23.269	5 07 40	1 42 33	.173	11.632	23.251	.694	7.762	15.519	23.261
125	24.200	5 32 46	1 50 55	.195	12.096	24.177	.780	8.074	16.141	24.190
120	25.208	6 01 05	2 00 21	.221	12.600	25.181	.882	8.412	16.815	25.196

(3) クロソイド S 表

　S 型クロソイド曲線を設計するための表であり，図 11.22，表 11.6 に示すように，パラメータ A に対して反向する二つの円曲線の半径 R_1，R_2 より D_1，D_2，ε，E の各要素を示したものである．

11.9 クロソイド曲線　189

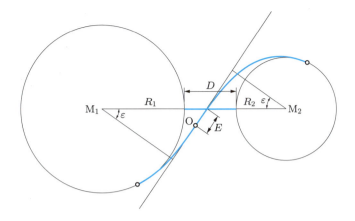

図 11.22　S型クロソイド曲線

表 11.6　クロソイドS表

			55	60	65	70	75	80	85	90
			16.87	15.02	13.55	12.35	11.35	10.52	9.82	9.22
			25 27 49	23 44 03	22 11 32	20 49 02	19 35 19	18 29 12	17 29 43	16 35 59
			0.00	2.09	3.91	5.50	6.89	8.12	9.22	10.20
60.00	60	18.40		13.29	11.91	10.80	9.88	9.12	8.47	7.92
		25 27 49		22 05 17	20 37 36	19 19 39	18 10 12	17 08 04	16 12 17	15 21 58
		0.00		0.00	1.82	3.40	4.79	6.02	7.11	8.09
55.38	65	16.54	14.78		10.62	9.58	8.72	8.01	7.42	6.91
		23 52 15	22 20 54		19 14 28	18 00 48	16 55 19	15 56 51	15 04 25	14 17 13
		2.10	0.00		0.00	1.58	2.97	4.20	5.29	6.27
51.43	70	15.02	13.36	12.01		8.60	7.80	7.14	6.58	6.11
		22 26 14	20 58 57	19 40 55		16 51 06	15 49 15	14 54 07	14 04 45	13 20 21
		3.95	1.85	0.00		0.00	1.39	2.62	3.71	4.68
48.00	75	13.77	12.19	10.91	9.88		7.04	6.42	5.91	5.47
		21 08 48	19 45 25	18 31 03	17 24 37		14 50 43	13 58 37	13 12 02	12 30 11
		5.59	3.48	1.63	0.00		0.00	1.23	2.31	3.29
		12.72	11.21	10.00	9.02	8.20		5.84	5.35	4.94
								13 09 18	12 25 13	11 45 39

(4) クロソイド卵型表

卵型クロソイド曲線を設計するための表であり，図11.23，表11.7に示すように一つのパラメータAのクロソイド曲線に接する大円，小円の半径R_1，R_2よりD，ε，Lの各要素を示したものである．

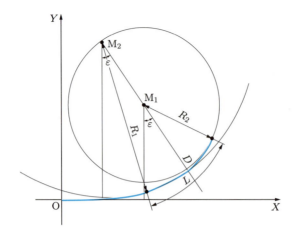

図 11.23 卵型クロソイド曲線

表 11.7 クロソイド卵型表

	1.50	0.85	0.46	0.24			
110	48 23 12	44 58 40	42 00 01	39 23 04			
	76.15	62.86	51.33	41.25			
	2.11	1.27	0.76	0.44	0.13		
120	44 18 15	41 12 09	38 29 09	36 05 42	32 05 38		
	85.32	72.02	60.50	50.42	33.61		
	2.73	1.73	1.09	0.67	0.24		
130	40 50 36	38 00 11	35 30 30	33 18 32	29 37 20		
	93.08	79.78	68.26	58.17	41.37		
	3.35	2.19	1.43	0.93	0.38	0.14	
140	37 52 23	35 15 26	32 57 12	30 55 07	27 30 10	24 45 29	
	99.73	86.43	74.90	64.82	48.02	34.57	
	3.95	2.66	1.79	1.20	0.53	0.23	
150	35 17 48	32 52 31	30 44 14	28 50 44	25 39 53	23 06 21	
	105.49	92.19	80.67	70.58	53.78	40.33	
	4.54	3.11	2.14	1.48	0.70	0.32	0.14
160	33 02 30	30 47 24	28 47 49	27 01 49	24 03 21	21 39 35	19 41 38
	110.53	97.23	85.71	75.62	58.82	45.37	34.37
	5.10	3.56	2.49	1.75	0.87	0.42	0.20
170	31 03 06	28 56 58	27 05 02	25 25 41	22 38 07	20 23 00	18 32 04
	114.98	101.68	90.16	80.07	63.27	49.82	38.82

(5) クロソイド極角弦長表

極座標による極角弦長法のための表であり，図 11.24，表 11.8 に示すように単位クロソイドに対する極角 σ と弦長 s の各要素を示したものである．

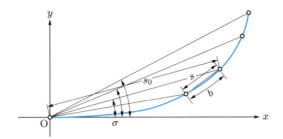

図 11.24 単位クロソイドの極角

表 11.8 クロソイド極角弦長表

No.	l	s_0	$\sigma[° ' '']$	b	$s(s/b)$					
					0.07	0.08	0.09	0.10	0.11	0.12
1	.01	.010000	0 00 03							
2	.02	.020000	0 00 14							
3	.03	.030000	0 00 31							
4	.04	.040000	0 00 55							
5	.05	.050000	0 01 26							
6	.06	.060000	0 02 04							
7	.07	.070000	0 02 48							
8	.08	.080000	0 03 40							
9	.09	.090000	0 04 38							
10	.10	.100000	0 05 44							
11	.11	.110000	0 06 56							
12	.12	.120000	0 08 15							
13	.13	.130000	0 09 41							
14	.14	.139999	0 11 14							

(6) クロソイド定規

クロソイド定規（spiral rule）は，各種のパラメータに対応するクロソイド曲線を定規にしたものであり，線形設計における製図には欠かせないものである．一般に，1/1000 でつくられている．図 11.25 に示す定規は日本道路協会型クロソイド定規であり，左右に二つの異なるパラメータ（$A = 20 \sim 350$ m）のクロソイド曲線が描かれている．定規にはパラメータのほかに主接線，半径の大きさと方向が描かれているので，製図にあたってクロソイド曲線の要素の概略を知ることができ，便利である．なお，図面の縮尺が変わった場合，クロソイド曲線のパラメータもそれに応じて読み変える．すなわち，$A = 150$ m の定規を用いて $R = 250$ m のクロソイドを描いた場合，縮尺 1/3000 の図では $A = 450$ m，$R = 750$ m となる．

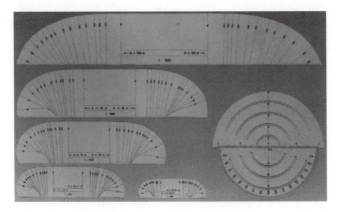

図 11.25 クロソイド定規

11.9.7 クロソイド曲線の設置法
(1) 主要点の計算

- 基本型対称クロソイド曲線の計算例：交角 $I = 60°$，パラメータ $A = 100\,\mathrm{m}$，曲線半径 $R = 150\,\mathrm{m}$ の円曲線に接する基本型対称クロソイド曲線の主要値は次のように求める．クロソイド曲線における交角とは，曲率中心を主接線にそれぞれ正投影した点でつくられる角度で I で表す．なお，円曲線の中心角は α で表す．

① クロソイド A 表より必要な各要素を求める．

$$L = 66.667\,\mathrm{m},\ \Delta R = 1.232\,\mathrm{m},\ X = 66.338\,\mathrm{m}$$

$$\tau = 12°43'57'',\ X_\mathrm{M} = 33.279\,\mathrm{m},\ Y = 4.921\,\mathrm{m}$$

② I.P. から移程量地点までの距離 W を式 (11.43) より求める．

$$W = (R + \Delta R)\tan\frac{I}{2} = (150 + 1.232)\tan\frac{60°}{2} = 87.314\,\mathrm{m}$$

③ I.P. から K.A. までの距離 D を式 (11.44) より求める．

$$D = W + X_\mathrm{M} = 87.314 + 33.279 = 120.593\,\mathrm{m}$$

④ 円曲線の中心角 α を求める．

$$\alpha = I - 2\tau = 60° - 2 \times 12°43'57'' = 34°32'06''$$

⑤ 円曲線長 L_c を式 (11.2) より求める．

$$L_\mathrm{c} = R\frac{\pi}{180}\alpha° = 150 \times \frac{\pi}{180} \times 34°32'06'' \fallingdotseq 90.412\,\mathrm{m}$$

⑥ 全曲線長 C.L. を求める．

$$\mathrm{C.L.} = 2L + L_\mathrm{c} = 2 \times 66.667 + 90.412 = 223.746\,\mathrm{m}$$

⑦ 図 11.26 のように作図する．

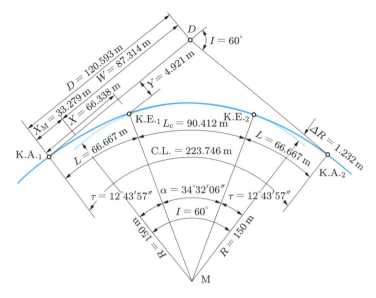

図 11.26 基本型対称クロソイド曲線の設計例

- 基本型非対称クロソイド曲線の計算例：交角 $I = 80°$ のとき，曲線半径 $R = 90\,\mathrm{m}$ の円曲線に接続する非対称型クロソイドの主要値は次のように求める．ただし，パラメータは $A_1 = 90\,\mathrm{m}$，$A_2 = 80\,\mathrm{m}$ とする．

① クロソイド A 表より第 1 組 $R = 90\,\mathrm{m}$，$A_1 = 90\,\mathrm{m}$，第 2 組 $R = 90\,\mathrm{m}$，$A_2 = 80\,\mathrm{m}$ について必要な各要素を求める．

第 1 組 $R = 90\,\mathrm{m}$，$A_1 = 90\,\mathrm{m}$

$L_1 = 90.000\,\mathrm{m}$，$\tau_1 = 28°38'52''$，$\Delta R_1 = 3.717\,\mathrm{m}$

$X_{M1} = 44.628\,\mathrm{m}$，$X_1 = 87.776\,\mathrm{m}$，$Y_1 = 14.734\,\mathrm{m}$

第 2 組 $R = 90\,\mathrm{m}$，$A_2 = 80\,\mathrm{m}$

$L_2 = 71.111\,\mathrm{m}$，$\tau_2 = 22°38'07''$，$\Delta R_2 = 2.328\,\mathrm{m}$

$X_{M2} = 35.371\,\mathrm{m}$，$X_2 = 70.009\,\mathrm{m}$，$Y_2 = 9.261\,\mathrm{m}$

② I.P. から移程量地点までの距離 W を式 (11.43) より求める．

$$W = (R + \Delta R_2)\tan\frac{I}{2} = (90 + 2.328)\tan\frac{80°}{2} = 77.472\,\mathrm{m}$$

③ 交点偏心量（I，R，A_2 の対称クロソイド曲線として計算したときの交点のずれ）z_1，z_2 を求める．

$$z_1 = (\Delta R_1 - \Delta R_2)\cot I = (3.717 - 2.328)\cot 80° = 0.245\,\mathrm{m}$$

$$z_2 = \frac{\Delta R_1 - \Delta R_2}{\sin I} = \frac{3.717 - 2.328}{\sin 80°} = 1.410\,\mathrm{m}$$

④ I.P. から K.A. までの距離 D_1, D_2 を式 (11.44) より求める.

$$D_1 = W + X_{M1} - z_1 = 77.472 + 44.628 - 0.245 = 121.855\,\text{m}$$

$$D_2 = W + X_{M2} + z_2 = 77.472 + 35.371 + 1.410 = 114.253\,\text{m}$$

⑤ 円曲線の中心角 α を求める.

$$\alpha = I - (\tau_1 + \tau_2) = 80° - (28°38'52'' + 22°38'07'') = 28°43'01''$$

⑥ 円曲線長 L_c を式 (11.2) より求める.

$$L_c = R\frac{\pi}{180}\alpha° = 90 \times \frac{\pi}{180} \times 28°43'01'' \fallingdotseq 45.108\,\text{m}$$

⑦ 全曲線長 C.L. を求める.

$$\text{C.L.} = L_1 + L_c + L_2 = 90.000 + 45.108 + 71.111 = 206.219\,\text{m}$$

⑧ 図 11.27 のように作図する.

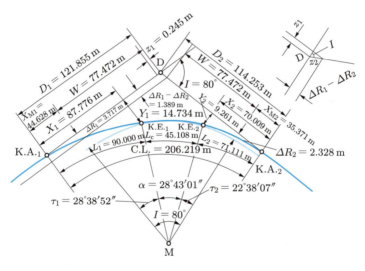

図 11.27　基本型非対称クロソイド曲線の設計例

(2) 中間点の計算

● 直角座標法：原点を K.A., 横軸（X 軸）を主接線にとり，横軸上で x_i の点から直角方向に y_i をとって測設する方法である．パラメータ $A = 120\,\text{m}$ のクロソイド曲線が曲線半径 $R = 160\,\text{m}$ の円曲線に接続し，K.A. が No.10 + 8.00 m にあるとき，20 m ごとの中間点を直角座標法で測設するには，次のようにする．

① クロソイド曲線長 L を式 (11.23) より求める.

$$L = \frac{A^2}{R} = \frac{120^2}{160} = 90\,\text{m}$$

② K.A. から No.11 までのクロソイド始短弦長 L_1 を求める．
$$L_1 = 20 - 8 = 12 \,\mathrm{m}$$
③ クロソイド終短弦長 L_n を求める．
$$L = L_1 + (n-2)L + Ln \text{ より}$$
$$L_n = L - L_1 - (n-2)L = 90 - 12 - 3 \times 20 = 18 \,\mathrm{m}$$
④ 単位クロソイド表でそれぞれの l 値に対する x, y を求め，この値を $A = 120$ 倍して X, Y を求める．表 11.9 に計算結果を示す．検算として，K.E. における X, Y はクロソイド A 表の X, Y と一致することを確認する．なお，直角座標法は Y の値が小さい場合（通常 30 m 以下）に有効である．
⑤ 図 11.28 のように作図する．

表 11.9　直角座標法による計算例

No.	L[m]	$l(=L/A)$	x	y	$X(=A \cdot x)$	$Y(=A \cdot y)$
K.A.（No.10 + 8.00）	0.000					
No.11	12.000	0.100000	0.100000	0.000167	12.000	0.020
No.12	32.000	0.266666	0.265967	0.003137	31.916	0.376
No.13	52.000	0.433333	0.432951	0.013553	51.954	1.626
No.14	72.000	0.600000	0.598059	0.035917	71.767	4.310
K.E.（No.14 + 18.00）	90.000	0.750000	0.744089	0.069916	89.291	8.390

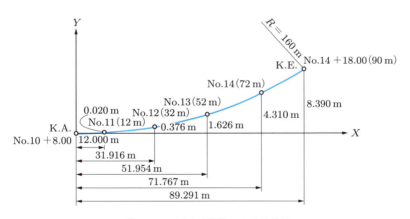

図 11.28　直角座標法による設計例

- 極角動径法：原点 K.A. から動径 S_i と，主接線からの極角（偏角）σ_i によって曲線上の点を測設する方法である．直角座標法と同様に，パラメータ $A = 120 \,\mathrm{m}$，曲線半径 $R = 160 \,\mathrm{m}$ の場合について述べる．

① クロソイドA表よりクロソイド曲線長 L を求める．
$L = 90.000\,\text{m}$
② 単位クロソイド表でそれぞれの l 値に対する σ および s_0 を求め，この値に $A = 120$ 倍して S_0 を求める．表 11.10 に計算結果を示す．
③ 図 11.29 のように作図する．

表 11.10　極角動径法による計算例

No.	$L[\text{m}]$	$l(= L/A)$	$\sigma[° ' '']$	s_0	$S_0(= As_0)$
K.A.（No.10 + 8.00）	0.000				
No.11	12.000	0.100000	05 44	0.100000	12.000
No.12	32.000	0.266666	40 43	0.266651	31.998
No.13	52.000	0.433333	1 47 35	0.433163	51.980
No.14	72.000	0.600000	3 26 12	0.599136	71.896
K.E.（No.14 + 18.00）	90.000	0.750000	5 22 04	0.747367	89.684

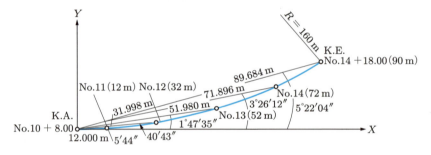

図 11.29　極角動径法による設計例

● 極角弦長法：原点 K.A. における主接線からの極角 σ_i と，中間点 $(i+1)$ からの弦長 s_i を用いて中間点 (i) を測設する方法である．極角座標法と同様に，パラメータ $A = 120\,\text{m}$，曲線半径 $R = 160\,\text{m}$ の場合について述べる．
① 極角動径法における動径 S_0 の代わりに弦長 S を求める．
② l と中間点間隔 b を使用してクロソイド極角弦長表より弦長 s を読み，この値を A 倍して $S = A \cdot s$ を求める．もし，b が表に与えられているきりの良い数でないときは，表の s/b を読んで $S = B(s/b)$ で弦長を求める．表 11.11 に計算結果を示す．
③ 図 11.30 のように作図する．

表 11.11　極角弦長法による計算例

No.	L[m]	B[m]	$l\left(=\dfrac{L}{A}\right)$	σ [° ′ ″]	$b\left(=\dfrac{B}{A}\right)$	s	s/b	S $A \cdot s$	$B(s/b)$
K.A.(No.10＋8.00)	0.000								
No.11	12.000	12.000	0.10	05 44	0.10	0.10000		12.000	
No.12	32.000	20.000	0.27	40 43	0.17		1.00000		20.000
No.13	52.000	20.000	0.43	1 47 35	0.17		0.99971		19.994
No.14	72.000	20.000	0.60	3 26 12	0.17		0.99971		19.994
K.E.(No.14＋18.00)	90.000	18.000	0.75	5 22 04	0.15	0.14990		17.988	

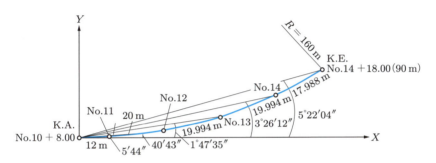

図 11.30　極角弦長法による設計例

11.10　縦断測量，横断測量

11.10.1　縦断測量

　縦断測量（profile leveling）とは，始点から中心線上の測点および地形変化点の杭高を水準測量し，標高を求め，図 11.31 に示すように中心線に沿って地盤を鉛直に切った縦断面図をつくる測量である．測量条件を表 11.12 に示す．精度を満足すると，誤差を配分し，各杭の標高を決定する．

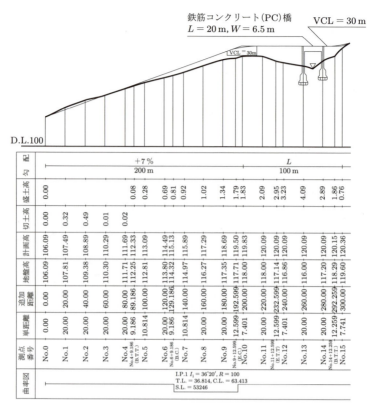

図 11.31 縦断面図

表 11.12 縦断測量条件

適　用	平地部	山地部
種別	三級水準測量	四級水準測量
レベルの性能	3級レベル（水準器感度 $40''/2\,\mathrm{mm}$）	
標尺の性能	2級標尺（インバールテープまたは精密木製）	
視準距離	最大 70 m	最大 70 m
読定単位	1 mm	1 mm
観測回数	1視準1読定（第1標尺後視，第2標尺前視）	
往復観測値の誤差	$10\,\mathrm{mm}\sqrt{S}$	$20\,\mathrm{mm}\sqrt{S}$
点検計算：環閉合差	$10\,\mathrm{mm}\sqrt{S}$	$20\,\mathrm{mm}\sqrt{S}$
点検計算：既知点から既知点までの閉合差	$12\,\mathrm{mm}\sqrt{S}$	$25\,\mathrm{mm}\sqrt{S}$
単位重量：1 km あたりの観測の標準偏差	10 mm	20 mm

11.10.2　縦断曲線

縦断測量の結果より縦断面図を作成し，その路線に適した勾配を切土および盛土を考慮しながら立案し，計画面を設定する．このとき，勾配が変わる地点では，勾配が急激に変化するのを避けるため，放物線で表される縦断曲線を挿入し，自動車などがスムーズに走行できるようにすることが必要である．

いま，図 11.32 で示すような 2 次放物線において，2 次放物線の式より次式が成り立つ．

$$y = ax^2 \tag{11.45}$$

ここで，△ABE，△DEF，△BDF および式 (11.45) より，点 B における縦距 y_n は次のようになる．

$$y_n = \text{BE} = aL^2 = \text{EF} + \text{BF} = \frac{L}{2}\tan\alpha_1 + \frac{L}{2}\tan\alpha_2 \tag{11.46}$$

$$\therefore \quad a = \frac{1}{2L}(\tan\alpha_1 + \tan\alpha_2) \tag{11.47}$$

また，$\tan\alpha_1 = i_1$，$\tan\alpha_2 = -i_2$ より，

$$a = \frac{1}{2L}(i_1 - i_2) \tag{11.48}$$

となる．したがって，放物線の任意の点における縦距 y は次のようになる．

$$y = \frac{1}{2L}(i_1 - i_2)x^2 \tag{11.49}$$

一般に，道路では勾配は％で表示するので，式 (11.49) を％の表示に書き換えると次のようになる．

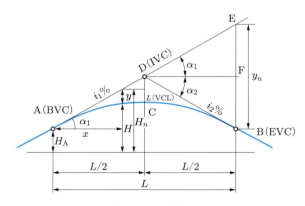

図 11.32　縦断曲線

$$y = \frac{1}{200L}(i_1 - i_2)x^2 \tag{11.50}$$

ただし，縦断曲線の長さ L は $L = (R/100)(i_1 - i_2)$ 以上とし，安全性・快適性の観点から 1.5〜2 倍程度にとるとよい．また，縦断曲線の標高 H は次のようになる．

$$H_n = H_A + \frac{i_1}{100}x \tag{11.51}$$

$$\therefore \quad H = H_n - y \tag{11.52}$$

なお，図 11.32 に示す縦断曲線の略語と名称を表 11.13 に示す．

表 11.13 縦断曲線の略語と名称

略語・記号	名　称	英　語
L, VCL	縦断曲線長	vertical curve length
R	縦断曲線半径	vertical curve radius
i_1, i_2	勾配	longitudial slope [%]
BVC	縦断曲線始点	beginning of vertical curve
IVC	縦断曲線交点	intersection point of vertical curve
EVC	縦断曲線終点	end of vertical curve

例題 11.2 勾配上り 4％，下り 2％において，縦断曲線 $l = 90\,\mathrm{m}$ の区間の 20 m 間隔の縦断曲線高を求めよ．ただし，縦断曲線始点の地盤高は 100.00 m とする．

解　式 (11.50) より縦距を求める．

$$y = \frac{1}{200L}(i_1 - i_2)x^2 = \frac{1}{200 \times 90}\{4 - (-2)\}x^2 = 3.3 \times 10^{-4} \times x^2 \tag{11.53}$$

式 (11.53) に水平距離をそれぞれ代入し，式 (11.52) より標高を計算して表 11.14，図 11.33 を作製する．

表 11.14 縦断曲線計算例

測　点	水平距離 x [m]	勾配線高 [m] $\left(H_n = H_A + \dfrac{i_1}{100}x\right)$	縦距 [m] $\left(y = \dfrac{i_1 - i_2}{200L}x^2\right)$	曲線高 [m] $(H = H_n - y)$
BVC 0	0	100.00	0.00	100.00
20	20	100.80	0.13	100.67
40	40	101.60	0.53	101.07
IVC 45	45	101.80	0.67	101.13
60	60	102.40	1.20	101.20
80	80	103.20	2.13	101.07
EVC 90	90	103.60	2.70	100.90

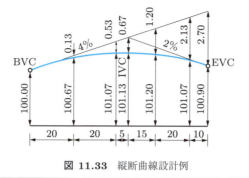

図 11.33 縦断曲線設計例

答

11.10.3 横断測量

横断測量（cross leveling, cross sectioning）とは，縦断測量において標高を求めた中心線上の各測点の接線に対して，直角方向すなわち横断方向線上の地形の形状を測定し，測点からの距離および標高を定め，図 11.34，表 11.15 に示すように横断線に沿って地盤を鉛直に切った横断面図をつくる測量である．

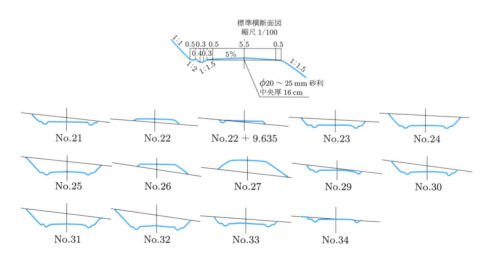

図 11.34 横断面図

表 11.15 土量計算表

測点番号	単距離	切土 断面積 [m²]	切土 平均断面 [m²]	切土 土量 [m²]	盛土 断面積 [m²]	盛土 平均断面 [m²]	盛土 土量 [m²]
No.0		1.18			0.04		
No.1	20.00	4.22	2.70	54.00		0.02	0.40
No.2	20.00	5.76	4.99	99.80			
No.3	20.00	0.63	3.20	64.00	0.36	0.18	0.36
No.4	20.00	1.17	0.90	18.00	0.16	0.26	5.20
No.4 + 9.186	9.186	0.27	0.72	6.11		0.08	0.73
No.5	10.814		0.14	1.51	2.82	1.41	15.25
No.6	20.00				7.20	5.01	100.20
No.6 + 9.186	9.186				7.48	7.34	67.43
No.7	10.814				8.47	7.98	86.30
No.8	20.00				9.87	9.17	183.40
No.9	20.00				13.42	11.65	233.00
No.9 + 12.599	12.599				18.25	15.84	199.57
No.10	7.401				20.68	19.47	144.10
No.11	20.00				27.06	23.87	477.40
No.11 + 12.599	12.599				39.72	33.39	420.68
No.12	7.401				42.44	41.08	304.03
No.13	20.00				38.44	40.44	808.80
No.14	20.00				26.34		
No.14 + 12.259	12.259				18.34	22.34	273.87
No.15	7.741				6.40	12.37	95.76
No.16	20.00	4.33	2.17	43.40		3.20	64.00
No.16 + 12.259	12.259	12.20	8.27	101.38			
No.17	7.741	13.78	12.99	100.56			
No.18	20.00	23.96	18.87	377.40			
No.19	20.00	28.14	26.05	521.00			
No.20	20.00	23.68	25.91	518.20			
No.20 + 9.635	9.635	16.45	20.07	193.37			
No.21	10.365	10.70	13.58	140.76			
No.22	20.00		5.35	107.00	4.21	2.11	42.20
No.22 + 9.635	9.635	0.13	0.07	0.67	1.40	2.81	27.07
No.23	10.365	10.74	5.44	56.39		0.70	7.26
No.24	20.00	21.78	16.26	325.20			
No.25	20.00	21.88	21.83	436.60			
No.26	20.00		10.94	218.80	7.66	3.83	76.60
No.27	20.00				22.52	15.09	301.80
No.28	20.00				7.42	14.97	299.40
No.29	20.00	4.76	2.38	47.60		3.71	74.20
No.30	20.00	11.96	8.36	167.20			
No.31	20.00	22.06	17.01	340.20			

演習問題

11.1 平面曲線，縦断曲線について，次の文章の（　）内に適切な語句を入れよ．

(1) 路線の方向が変化する位置には，交通の流れを円滑にするために曲線部を設ける．この曲線部の中心杭の位置を測量して設けることを（①）という．

(2) 曲線部は，中心点が一つの円弧からなる（②）が基本である．また，路線上を高速で通る列車・自動車などは，方向の変化する点，すなわち直線と円曲線の接する点では，通過時に車体が動揺して好ましくないので，直線部と単曲線の間に滑らかな曲線を入れる．この曲線を（③）曲線という．

(3) 路線を設けるとき，地表面に高低の変化があるので，鉛直方向の変換点，すなわち（④）の変化する点には，交通に支障がないように曲線部を設ける必要がある．この鉛直方向に設ける曲線を（⑤）曲線という．

11.2 交角 $40°50'$，曲線半径 $100\,\mathrm{m}$，路線交点の追加距離が $219.33\,\mathrm{m}$ として偏角弦長法で単曲線を測設せよ．

11.3 図 11.35 において，AD，DB 間に単曲線を設置することになった．また，∠ADB の二等分線上の点 C を曲線の中点に選ぶことになった．この曲線の接線長 T.L. を求めよ．ただし，$\mathrm{DC} = 15.0\,\mathrm{m}$，$I = 69°40'$ とする．

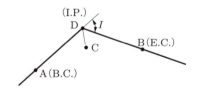

図 11.35

11.4 図 11.36 のように，起点 B.P.，曲線始点 B.C.，曲線終点 E.C.，終点 E.P. からなる直線と円曲線の道路を組み合わせた新設道路を計画している．B.P. から交点 I.P. までの距離が $265.47\,\mathrm{m}$，円曲線半径 $R = 200\,\mathrm{m}$，交角 $I = 60°$ としたとき，建設する道路の総路線長を求めよ．ただし，I.P.，E.C.，E.P. の平面直角座標系における座標値は表 11.16 のとおりである．

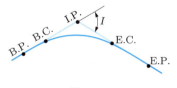

図 11.36

表 11.16

測点	x 座標 [m]	y 座標 [m]
I.P.	632.74	529.90
E.C.	574.94	630.02
E.P.	474.94	803.23

11.5 図 11.37 のように，円曲線 AB を含む路線の中心線を設置することになったが，交点

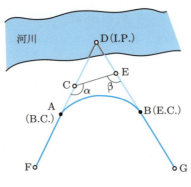

図 11.37

D (I.P.) に杭を設置することができない．直線 FD, GD 上に補助点 C, E を設け，$\alpha = 135°$，$\beta = 105°$，CE $= 100.00$ m を得た．2 点 BE 間の距離を求めよ．ただし，A は曲線始点（B.C.），B は曲線終点（E.C.），曲線半径 $R = 150.00$ m とする．

11.6 $R = 200$ m，$L = 50$ m が与えられたとき，クロソイド曲線の諸要素を求めよ．

11.7 $A = 150$ m，$R = 500$ m が与えられたとき，クロソイド曲線の諸要素を求めよ．

11.8 勾配下り 3 %，上り 5 % において，縦断曲線 $l = 120.00$ m の区間の 20 m 間隔の縦断曲線高を求めよ．ただし，縦断曲線始点の地盤高を 100.00 m とする．

第12章

写真測量

12.1 写真測量とは

撮影された写真より地図を作成したり，その被写体の位置，形状，大きさ，色調などから写真判読（interpretation）により，被写体のもっている種々の情報を読み取り，各種の調査，計画などを実施することを総称して写真測量（photogrammetry）という．

写真測量は宇宙空間から人工衛星などのデータを用いて測量を行う宇宙写真測量（space photogrammetry），航空機などで地上を写真撮影して測量を行う空中写真測量（aerial photogrammetry），地上で水平に被写体を写真撮影して測量を行う地上写真測量（terrestrial photogrammetry），水中で写真撮影して測量を行う水中写真測量（underwater photogrammetry）などがある．

さらに，空中写真測量には，カメラの傾きが鉛直軸に対して $0.2°$ 以下の傾きで撮影された鉛直写真（nadir photograph），鉛直軸に対して $0.2～5°$ の傾きで撮影された垂直写真（vertical photograph），斜めから撮影された，一種の鳥かん写真である斜め写真（oblique photograph）に分類される．垂直写真で実用上問題ないので，本書においても垂直写真による場合について述べるものとする．

12.2 写真測量の基礎

12.2.1 写真撮影

空中写真のうち，航空機を使用して撮影された写真をとくに航空写真という．撮影を行うときは，撮影地域に対し，高度を一定に保ち，水平飛行しながら実体視することを考慮しながら隣接写真（adjacent photograph）を60％程度の重複（overlap）をさせることを基準として連続撮影を行う．1回の飛行コース（flight course）で撮影地域を撮影できない場合には，飛行コースを変えて撮影する．このとき，隣接コース（adjacent course）でも写真が重複している必要があり，30％を基準としている．このように，図12.1に示すように進行方向の重複度をオーバーラップといい，隣接コースとの重複度をサイドラップ（sidelap）という．

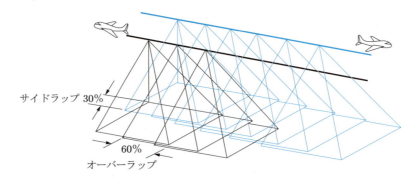

図 12.1 空中写真撮影

12.2.2 空中写真の性質

図 12.2 に示すように基準面までの撮影高度（flight altitude）を H，カメラの焦点距離（focal distance）を f とすると，撮影縮尺（photo scale）M は，カメラの f と H の比で表されるので，

$$M = \frac{1}{m} = \frac{f}{H} \quad \left(\because \quad m = \frac{H}{f} \right) \tag{12.1}$$

となる．ところが，撮影縮尺は地形図の縮尺のように，どこでも同じではない．撮影

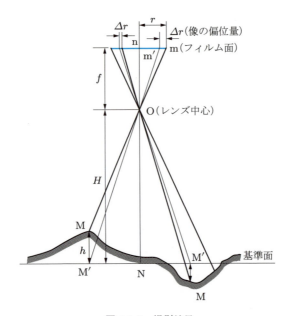

図 12.2 撮影縮尺

する地点が起伏のある地形の場合などは，標高が高いほど撮影縮尺は大きくなって一様にはならない．

カメラで写真を撮影する場合，図 12.2 に示すように被写体からの光はカメラのレンズ中心 O で絞られ，フィルムの中心から O を中心とした放射線状で投影される．この性質から，基準面より h だけ高い（低い）地点 M の像 m は，この点を基準面に投影した点 M′ の像 m′ の地点より mm′ だけレンズ中心から放射線上に偏位して撮影されてしまう*．n を中心とする放射線上に撮影点より離れた位置にある高い被写体は写真の外側に倒れた状態に，低い被写体は内側に倒れた状態で写ることになる．ただし，n はレンズ中心 O を通る鉛直線とフィルム面および地表面の交点であり，鉛直点（nadir point）という．高低差による像の偏位量 Δr は，図 12.2 より次式となる．

$$\Delta r = \frac{h}{H} r \tag{12.2}$$

したがって，この高低差による偏位量を利用して建物などの高さを求めることもできる．

航空写真は，飛行機より鉛直下方に向けて撮影されるが，飛行機の特性，気流などの関係で厳密に垂直ではなく多少の傾きをもつ．しかし，許容されている 5° 以内の傾きにおさまるように工夫されており，実用上この航空写真を使用しても問題ない．図 12.3 は光軸が傾いた場合の地表面とフィルム面の関係を示したものである．写真の光軸とフィルム面の交点 p を写真の主点（principal point）といい，その地表面への対応点を P とする．n は前述したように鉛直点で，地表面への対応点を N とする．レンズ中心から主点と鉛直点に至る ∠PON の 2 等分線とフィルム面の交点を j，地表面への対応点を J と表し，等角点（isocenter）という．フィルム面が傾いて撮影された平面位置における偏位の方向は，この等角点を中心とした放射線上に生じることになる．

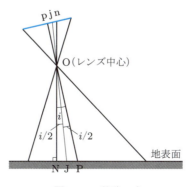

図 12.3 特殊 3 点

---

* この章では，地上の点を点 M のように大文字で表し，写真上の点を点 m のように小文字で表す．

このp, n, jは航空写真におけるきわめて重要な点で特殊3点という．

12.2.3 実体視の原理

われわれが自然に物の遠近や奥行きを感じることのできるのは，両目で2方向からその対象物を見ることにより，遠近感や立体感（stereoscopic vision）が得られるからである．このように，対象物を3次元の立体形状として見ることを実体視（立体視：stereoscopy）という．人間の両目の間隔（眼基線）は，約65mm離れており，これにより同じ対象物を見てもまったく同じ形が写るのではなく，左右の目に入ってくる角度は異なり，多少違った形で写っている．この角度の差を収束角（convergent angle）といい，収束角が大きなものは近くにあるように感じ，小さいものは遠くにあるように感じる．一般に，最小収束角は20″程度で，距離の限度は670mとなる．図12.4のように，対象物の点Aと点Bを見たとき，右目，左目の網膜上に投影されるそれぞれの間隔は，a_1b_1, a_2b_2 である．$a_1b_1 - a_2b_2$ を視差（parallax）といい，収束角は $\alpha_2 - \alpha_1$ である．

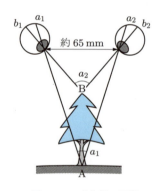

図 12.4 実体視の原理

写真測量は，両目の代わりに眼基線に相当する位置から重複して撮影した2枚の写真を，実体視するものである．

12.2.4 実体視の方法

(1) 肉眼実体視

肉眼実体視（artificial stereoscopy with naked eye）は，2枚一組の実体写真を肉眼で実体視する方法であり，一組の写真の重複部を重ね合わせ，その2枚の写真上で対応する点を両目を結ぶ線に平行に移動させて，両目の間隔（約65mm）に離して固定する．右目で右側写真，左目で左側写真を見れば，左右の像がしだいに重なって一つの実体像が得られる．

(2) レンズ式実体鏡

肉眼実体視には多少の訓練を要するが,実体鏡を用いることで,誰でも簡単に実体視が行える.レンズ式実体鏡(lens stereoscope)は,図 12.5 に示すように,凸レンズのついた小型の実体鏡であり,携帯に便利なように折りたためるようになっており,眼基線を調整できるようになっている.

図 12.5 レンズ式実体鏡

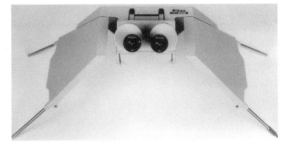

図 12.6 反射式実体鏡

構造としては,写真面からレンズまでの距離が焦点距離と等しくなるように脚の長さが調整されている.したがって,レンズ間隔を各自の眼基線長に合わせるだけで,写真が遠方にあるのと同じになり,右目で右側写真,左目で左側写真を見ることになり,実体視が簡単にできる.このとき,実体写真の影の部分が手前になるようにしておかないと,奥行きの関係が逆になり,反対に実体視される.このことを逆実体視(pseudo stereoscopy)という.

(3) 反射式実体鏡

反射式実体鏡(mirror stereoscope)は,図 12.6 に示すように,鏡によって反射させた像をプリズムの屈折を利用して集約させ,4〜6 倍の双眼鏡で拡大して実体視するようにしたものである.

実体視の操作手順は次のように行う.

① 定規を用いて 1 対の写真 1 と写真 2 上で,写真画面四隅にある指標(fiducial mark)を結び,主点 p_1,p_2 を求めてその位置を他方の写真上にも記し,p_1',p_2' とする.
② 写真 1 上で p_1 と p_2',写真 2 上で p_2 と p_1' を結ぶ.この $p_1 p_2'$,$p_2 p_1'$ は隣り合う 2 地点の撮影点を結んだ線で,撮影基線(photographing base)という.
③ 撮影基線を互いに内側に向け,25〜26 cm になるように写真を離し,撮影基線が一直線になるように机上に固定する.
④ 撮影基線と反射式実体鏡の眼基線を平行におけば実体視ができる.プリズムの近くにあるレンズは,双眼鏡を使用するときは必要ないので回転して格納しておく.

実体写真を実体視した場合,高低差が大きくなりすぎることにより,山あるいは谷

などの高さが実際より誇張されて見える．この現象を過高度（vertical exaggeration）という．過高度は撮影基線と眼基線の影響と，カメラのレンズの影響を受ける．撮影基線と眼基線による過高度 v 倍と，カメラのレンズにより u 倍に拡大して見ている過高度を合わせた $v \cdot u$ 倍が，すべての影響を考慮した過高度となる．すなわち，次式となる．

$$\text{過高度} = v \cdot u = \frac{b}{e} \cdot \frac{d}{f} \tag{12.3}$$

ここで，b：撮影基線長，e：眼基線長，d：写真から目までの距離，f：焦点距離である．

12.2.5 実体視測定

図 12.7 に示すように，点 R，S を B の撮影基線長の距離をもつ 2 点 O_1, O_2 で撮影した場合，点 R，S は写真 1 上で r_1, s_1 として，写真 2 上で r_2, s_2 として写る．視差を求めるために $O_1 r_1 // O_2 r_1{'}$, $O_1 s_1 // O_2 s_1{'}$ とした場合，$r_1{'} r_2$ が R の視差 P_r，$s_1{'} s_2$ が S の視差 P_s である．ここで，$r_1{'} r_2 = P_r$，$s_1{'} s_2 = P_s$ とすれば，$\triangle O_1 R O_2 \backsim \triangle r_1{'} O_2 r_2$ より，次のようになる．

$$\frac{P_r}{B} = \frac{f}{H} \quad \therefore \quad P_r = \frac{B}{H} f \tag{12.4}$$

$\triangle O_1 S O_2 \backsim \triangle s_1{'} O_2 s_2$ より，次のようになる．

$$\frac{P_s}{B} = \frac{f}{H-h} \quad \therefore \quad P_s = \frac{B}{H-h} f \tag{12.5}$$

この視差の差のことを視差差（difference of parallax）といい，これを Δp で表せば，

$$\Delta p = P_s - P_r \tag{12.6}$$

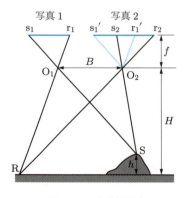

図 12.7 実体視測定

となる．式 (12.4), (12.5) より，次のようになる．

$$\Delta p = \frac{B}{H-h}f - \frac{H}{B}f = \frac{Bfh}{H(H-h)} \tag{12.7}$$

$$\therefore h = \frac{H^2 \Delta p}{Bf + H\Delta p} \tag{12.8}$$

ここで，縮尺 $1/m$ は次式である．

$$\frac{1}{m} = \frac{f}{H} \tag{12.9}$$

実体視しようとする写真上に主点を求め，両方の写真に互いにその主点を移す．その直線の長さを主点基線長という．主点基線長 b は基準面上のすべての点の視差に等しく，次のようになる．

$$\frac{B}{m} = b \tag{12.10}$$

この主点基線長 b は，写真の幅 a と写真のオーバーラップ $p\%$ が与えられると，次のようになる．

$$b = \left(1 - \frac{p}{100}\right)a \tag{12.11}$$

一般に，オーバーラップは 60% であるので，$b = 0.4a$ となる．

式 (12.8) に式 (12.9), (12.10) を代入すると，

$$h = \frac{H^2 \Delta p}{H(fB/H + \Delta p)} = \frac{H\Delta p}{B/m + \Delta p} = \frac{H\Delta p}{b + \Delta p} \tag{12.12}$$

となる．これらの式より 1 対の実体写真上では，視差が同じである点では高さが同じである．すなわち，等視差面と等高面は一致することになる．もし，高低差 h が撮影高度に比べて非常に小さいときは，式 (12.7) は次式となる．

$$\Delta p = \frac{Bfh}{H^2} \tag{12.13}$$

$$\therefore h = \frac{H^2}{Bf}\Delta p = \frac{HM}{B}\Delta p = \frac{H}{b}\Delta p \tag{12.14}$$

このときの視差差の量は，図 12.8 に示す視差測定桿（parallax bar）を使って写真より測定すればよい．

視差測定桿による高低差の求め方の手順は，次のように行う．
① 図 12.9 に示すように，二つの写真上の主点 p_1, p_2 間の距離 $p_1 p_2$ を測る．

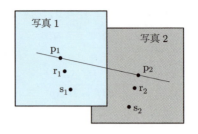

図 12.8　視差測定桿　　　図 12.9　視差測定桿による高低差の測定

② 視差測定桿の左側ガラス板上にある小さな黒点（メスマーク）を s_1 上に固定し，微動ねじにより右写真の s_2 に右側ガラス板上のメスマークを合わせて $s_1 s_2$ の距離を測る．
③ ② と同様に，$r_1 r_2$ の距離を測る．
④ 視差差 $\Delta p = r_1 r_2 - s_1 s_2$ を求め，式 (12.12) または式 (12.14) より高低差 h を計算する．

例題 12.1　撮影高度 6000 m，写真 1，2 の主点基線長がそれぞれ 64.4，65.4 mm であるとき，視差差 1.83 mm の高低差を求めよ．

解
式 (12.14) より，次式となる．
$$h = \frac{H}{b}\Delta p = \frac{6000}{0.0649} \times 0.00183 \fallingdotseq 169.2 \text{ m}$$

答　169.2 m

12.2.6　写真の標定

　写真測量において，実体視をするうえで最も大切なことは，撮影した 2 枚の写真を撮影時と同じ状態にすることであり，これを写真の標定（orientation of photograph）という．実体視のできる 2 枚の写真を用いて等高線や道路，建物，植生などを描画するには，図化機と呼ばれる機械を用いる．図化機を利用しての実体視では図化機の中心と写真の主点を合わせ，撮影したカメラの焦点距離を図化機に与えて調整することが必要であり，これを内部標定（内部定位：internal orientation）という．内部標定が完了した図化機の傾きなどを撮影時と同じ状態に操作することを外部標定（外部定位：exterior orientation）といい，相互標定（relative orientation）と対地標定（絶対標定：absolute orientation）に分けられる．さらに，1 対の写真の内部標定と外部標定ができたら，次の 3 枚目の写真を 2 枚目の写真と組み合わせて順次標定していく接続標定（successive orientation）を行う．

① **相互標定**：1対の写真を用いて正しく実体視するために，写真相互間の相対的な傾きを正しく調整することである．1対の写真上の重複している範囲内で，鮮明な地点5箇所を選んで標定点とする．それらの5点からの光線がすべて交わるように写真の傾きおよび撮影位置を調整すれば，正しい実体像が得られる．
② **対地標定**：相互標定が完了すると，被写体と相似な実体像が形成されたことになる．しかし，この実体像は縮尺が確定されておらずに傾いており，また位置や方向なども定まっていない．したがって，これらを調整して実体写真と地上の関係を正しく対応させる操作を対地標定という．この場合，少なくとも三つの標定点を用いて対応点を合わせるように操作することが必要である．

12.3 リモートセンシング

12.3.1 リモートセンシングとは

リモートセンシング（remote sensing）は遠隔探査または隔測ともいわれ，写真測量に含まれるものであるが，現在では人工衛星データを用いた写真判読技術として区別されている場合が多い．遠く離れた対象物より反射または放射している電磁波を観測し，その対象物の物理的特性を観察することで，地上の測量を行うものである．地上の物体が太陽から光を受けると，光の一部は反射され，一部は吸収される．このとき，その反射率はそれぞれの物質によって異なる．この性質を反射分光特性という．リモートセンシングは，反射分光特性を利用して地上の物体を識別し，またその性質を探査する技術である．

したがって，その物質に特有な電磁波特性を検知することにより，マルチスペクトルデータ（反射分光特性の物理量）を使い，コンピュータ解析を行う．なお，投射光の量に対する反射光の量の比を分光反射率（波長別の反射率）といい，それぞれの波長をどのような割合で反射するかは物質によって異なる．図12.10はその一例を示したもので，反射分光特性という．

12.3.2 電磁波

人間の目は，可視光線と呼ばれている $0.4 \sim 0.7\,\mu m$ の波長の光しか感知できない．このことは，虹の七色に代表される可視光線しか肉眼で見ることができないことで判断できる．しかし，物質からは，この可視光線以外の波長の電磁波も反射または放射している．したがって，人工衛星に搭載した目的別のセンサでいくつかの波長域に分けて観測した地上の物質からの反射光を比較，解析することにより，環境や資源の有効管理などに役立たせることができる．センサを搭載する人工衛星をプラットホームといい，必要とする分解能や走査幅により搭載するおもなセンサが異なる．図12.11

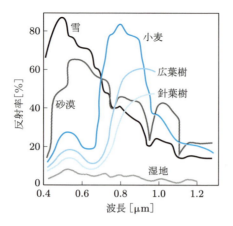

図 12.10 反射分光特性

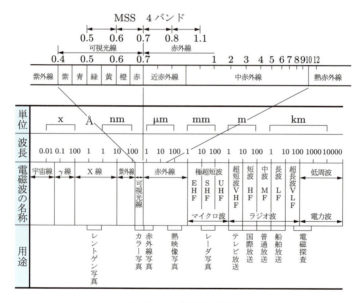

図 12.11 電磁波の種類

に電磁波の分類を示す．

12.3.3 センサ

現在使用されている代表的なセンサを次に示す．

① マルチスペクトルスキャナ（**多重スペクトル走査**：multi spectral scanner）**MSS**：地球表面を西から東へ帯状に走査（スキャニング）する．このときの視野角は 11.56°

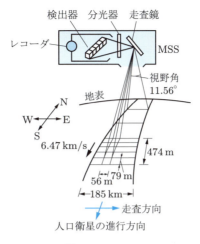

図 12.12 MSS

であり，走査幅は地球表面約 185 km に相当する．その概略を図 12.12 に示す．このとき瞬間に見ている範囲（瞬間視野）は約 79 m で，これが分解能である．

② **TM**（MSS 改良型の多重スペクトル走査：thematic mapper）：MSS の精度をさらに上げるために改良されたものであり，波長域を拡大してバンド数を七つとし，これにともなって分解能も 30 m（バンド 6 のみ 120 m）と上げた．走査幅は MSS と同じである．表 12.1 に MSS および TM の諸元を，表 12.2 に TM の各バンドのおもな利用分野を示す．

表 12.1 MSS および TM の諸元

MSS		TM	
バンド	波長 [μm]	バンド	波長 [μm]
4	0.5 ～ 0.6	1	0.45 ～ 0.52
5	0.6 ～ 0.7	2	0.52 ～ 0.60
6	0.7 ～ 0.8	3	0.63 ～ 0.69
7	0.8 ～ 1.1	4	0.76 ～ 0.90
8	10.4 ～ 12.5	5	1.55 ～ 1.75
		6	10.4 ～ 12.50
		7	2.08 ～ 2.35
走査幅	185 km		185 km
瞬間視野	79 m　81 m		30 m　120 m

表 12.2 TM バンドのおもな利用分野

バンド	おもな利用分野
1	土壌と植生区分，広葉樹と針葉樹区分，沿岸水域地図作成
2	植生活力度の判読
3	植生の相違によるクロロフィルの吸収区分
4	生物量の測定，水域の識別
5	葉中の含水量測定，積雪と雲の識別
6	温度分布地図作成
7	熱水作用を受けた鉱物の識別

12.3.4　グランドトルース

リモートセンシングによる判読は，反射分光特性を基準として解析を行うが，その前に解析基準の設定を行わなければならない．そのためには，画像データと地上の対象物の状態の対応を詳細に把握する必要がある．

したがって，対象となる地上の地域を定め，現地における対象物についての反射分光特性の観測を慎重に実施し，画像データと比較検討しなければならない．これをグランドトルース（ground truth）という．また，特性の一つである同時性も考慮し，現地における観測実施の時間，時期を決定しなければならない．

演習問題

12.1 焦点距離 15 cm のカメラで，基準面からの高度 1200 m の高さで撮影した空中写真の基準面における縮尺を求めよ．

12.2 縮尺 1/10000 の平坦な土地の鉛直写真上に，偏位量 4 mm で写っている鉄塔の高さを求めよ．ただし，主点から鉄塔の先端までの距離は，写真上で 120 mm，カメラの焦点距離は 15 cm とする．

12.3 焦点距離 150 mm のカメラで撮影した平坦な土地の鉛直写真がある．この写真上で，185.2 mm 離れた 2 地点間の距離を縮尺 1/25000 の地形図上で測ったところ，148.2 mm であった．この写真の撮影高度を求めよ．

12.4 撮影高度 6350 m，写真 1 の主点基線長 67 mm，写真 2 の主点基線長 70 mm であるとき，視差差 1.37 mm のがけの高低差を求めよ．

第13章 GPS測量

13.1 GPSとは

GPSとはglobal positioning system（汎地球測位システム）の頭文字をとった略語で，人工衛星から送られてくる電波を受信することで，地球上のあらゆる場所において，その位置の3次元座標または2点間の関係位置を求める測位技術である．GPS測量とは，GPSを利用して測量するもので，起伏があって見通しのよくない場所でも測量が可能，天候に左右されない，高い測定精度を容易に利用できるなどの優れた特徴がある．

13.2 GPSの構成

13.2.1 GPS衛星

GPSによって位置を決定するためには，4個以上のGPS衛星から送られてくる電波を受信する必要がある．そのためのGPS衛星は図13.1に示すように，地球の赤道面に対して約55°傾いた六つの軌道面にそれぞれ4個，計24個で構成され，高度20000kmの円軌道上を速度4km/秒，周期約11時間58分で飛行しながら，測位に必要な電波をつねに送信している．

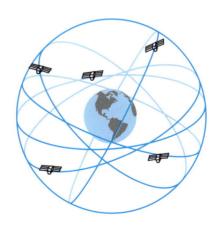

図 13.1 GPS衛星の軌道

13.2.2　コントロール局

コントロール局は，アメリカが管理する地上の位置の座標が正確にわかった5箇所に設置された地上制御局（地上管制システム）で，GPS衛星から送信される電波や軌道を管理するためにGPS衛星を常時追跡して軌道を解析，制御している．コントロール局から個々のGPS衛星に送られる航法メッセージには，個々のGPS衛星の新しい軌道情報，原子時計の補正値，電離層の補正係数などが含まれる．

13.2.3　受信・解析

地上のシステムで，GPS受信機を利用してGPS衛星から送信されてくる電波を受信・解析する．正確な時刻や地上の位置を知る必要のある船舶や航空機だけでなく，最近では受信機が小型で安価になり，操作方法も容易になったため，完全実用期に入り，一般の自動車のカーナビゲーションをはじめ，レジャーボート，登山などにも多数利用されるようになっている．

13.3　GPS衛星からの電波

GPS衛星は，衛星軌道と地表の間にある電離層の影響を消去するため，L1帯（1575.42MHz）とL2帯（1227.60MHz）と呼ばれる二つの周波数の電波を用いて地表に情報を送信する．この二つの電波は，0と1の組合せによるデジタル符号列（コード）として送信され，擬似雑音符号（pseudo random noise）PRNコードと呼ばれている．この擬似雑音符号にはC/A（clear and acquisitionまたはcoarse and access）コードとP（precisionまたはprotect）コードの2種類があり，個々のGPS衛星によってそのパターンが異なるため，24個のGPS衛星から同じ周波数で電波が送信されても，混信することなく特定のGPS衛星からの電波であることが識別できる．

13.4　GPSによる測位方法

GPSの測位方法は，1点測位（単独測位：point positioning）と干渉測位（differencial positioning）に大別される．

1点測位はカーナビゲーションに代表され，1測点で自分自身の現在位置を測定する方法である．干渉測位は，おもに測量などで利用され，2測点で同時に1点測位を行い，それぞれの座標値の差により2点間の位置関係を求める方法である．この方法により，GPS衛星の軌道誤差と原子時計による誤差を取り除き，より高精度な測位が可能となる．干渉測位には，さらに静的干渉測位（static positioning）と動的干渉測位（kinematic positioning）の二つの方法がある．

13.4.1 1点測位

1点測位では，4個のGPS衛星から送信される電波を受信点で同時に受信し，A/Cコードまたは P コードを利用して，電波が GPS 衛星を出た時刻と受信した時刻までの時間と電波の速度を掛けて GPS 衛星と受信点までの距離を求める．ただし，GPS衛星の原子時計は正確であるが，受信機の時計はある程度の誤差をもつため，この距離のことを擬時距離という．

いま，図 13.2 に示すような基本的な原理において，GPS 衛星と受信点までの距離を R_i とし，航法データから得られた送信時刻の GPS 衛星の位置を (X_i, Y_i, Z_i) とすると，受信点の座標との間には次の関係がある．

$$R_i = \sqrt{(X - X_i)^2 + (Y - Y_i)^2 + (Z - Z_i)^2} + C \cdot dt \tag{13.1}$$

ここに，C：電波の伝播速度，dt：受信機の時計誤差である．

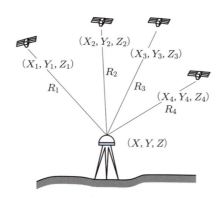

図 13.2 1点測位の原理

式 (13.1) で未知数は，3 次元座標の三つの要素と時計誤差の四つであるから，4 個の GPS 衛星の電波を同時に観測し，四つの式を得てこれを連立方程式として解くことにより，受信点の緯度，経度，高さを求めることができる．

13.4.2 干渉測位

干渉測位とは，ある点を基準として別の点の相対位置を決定する方法である．干渉測位は，2台の受信機を用いてトランスロケーション方式で測位する．トランスロケーション方式は2台の受信機の1台を既知点に設置し，1点測位を行い，測位座標と既知座標の差を求める．ほかの1台は未知点に設置し，同時刻に1点測位を行う．同時刻に1点測位を行ったほかの受信点でも誤差は同一であるとみなし，既知点より算出した誤差を，この未知点の測定結果より差し引いたものを未知点の座標値とする．

13.4.3 静的干渉測位

静的干渉測位では,座標既知点 P と離れた座標未知点 Q に受信機を設置し,受信機の時計を GPS 衛星の原子時計に合わせて GPS 衛星 X から送信された電波数を計測する.したがって,点 P, Q の受信機は,一定間隔の同時刻にそのときまでの受信電波数の積算値を計測する.この積算値をそれぞれ A, B とすると,2 点間の距離 PQ は $(A - B) \times$ 波長 λ となる.しかし,図 13.3 に示すように GPS 衛星 X に近い点 P は,遠方の点 Q より N 個の波だけ先に受信をはじめており,$(A - N - B)$ を GPS 衛星 X に対する受信機間一重位相差(単独位相差:single phase difference)という.このときの 2 点間の距離 PQ は $(A - N - B) \times$ 波長 λ となる.

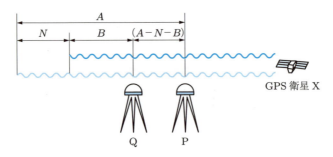

図 13.3 点 P が GPS 衛星を N 個の波だけ先に出た電波を受信した場合

このとき,積算値 A, B は GPS 衛星 X に対する同時刻の受信波数であるから,仮に GPS 衛星 X に時計誤差があっても,A, B ともに同じだけの誤差が含まれるので,一重位相差 $(A - N - B)$ では GPS 衛星 X の時計誤差は消去される.しかし,一重位相差内には,受信機の誤差は消去されずにそのまま残っている.これを消去するため,図 13.4 に示すように,一重位相差を計測した同時刻に GPS 衛星 Y の受信電波数よりさらに一重位相差 $(a - n - b)$ を求める.この一重位相差の差を,GPS 衛星 X と GPS 衛星 Y の二重位相差(double phase difference)という.二重位相差は,

$$(A - N - B) - (a - n - b) = (A - a) - (B - b) - (N - n)$$

で表されるが,この測位より二重位相差では GPS 衛星と受信機の二つの時計誤差が消去され,$(N - n)$ の項だけが残る.$(N - n)$ を GPS 衛星 X と GPS 衛星 Y の整数値バイアス(ambiguity)といい,波長 λ の整数倍の整数である.整数値バイアスは初期値が不明のため大きさは未知であるが,長時間(1~3 時間)連続測位を行い,GPS 衛星の移動を利用して二重位相差の差,すなわち三重位相差(triple phase difference)をとり,二つの受信機間の基線長と方向で示される基線ベクトルを求める.

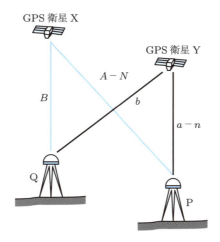

図 13.4　二重位相差

13.4.4　動的干渉測位

　静的干渉測位における整数値バイアスを取り除くには長時間連続測位が必要であるが，動的干渉測位は，あらかじめこの整数値バイアスを決定して既知点から出発する方法である．位置が既知である 2 地点で受信することにより，整数値バイアスを決定することができる．測位後，1 台の受信機を既知点に固定して，ほかの受信機で未知点を移動し，次々に測位する．測位の途中で何らかの原因で電波の受信が中断すると，位相の積算も中断することになり，位相データに誤りが生じてしまう．この位相積算の中断をサイクルスリップ（cycle slip）といい，電波が中断しないように十分注意しなければならない．

演習問題

13.1 GPS 衛星は，どの位の高度を何時間で周回しているかを答えよ．
13.2 GPS 測量における測位方法を分類せよ．
13.3 位相差とは，どのようなことかを説明せよ．

演習問題解答

第2章

2.1 ① 器械誤差　② 個人誤差　③ 自然誤差

2.2 2.2節参照

2.3 最確値 l_0

$$l_0 = 50.000 + \frac{0.032 + 0.018 - 0.015 - 0.009 + 0.023}{5}$$

$$= 50.000 + 0.0098 ≒ 50.010$$

中等誤差 m_0

表 A.1

測定値 l	残差 $v = l - l_0$	残差平方 v^2
50.032	0.022	0.000484
50.018	0.008	0.000064
49.985	-0.025	0.000625
49.991	-0.019	0.000361
50.023	0.013	0.000169
$l_0 = 50.010$		$\Sigma v^2 = 0.001703$

$$m_0 = \pm\sqrt{\frac{0.001703}{5(5-1)}} ≒ \pm 0.0092$$

精度

$$\frac{m_0}{l_0} = \frac{0.0092}{50.010} ≒ \frac{1}{5500}$$

答　最確値　50.010 m，中等誤差　±0.009 m，精度　1/5500

2.4 最確値 l_0

$$l_0 = 36°28'30'' + \frac{02'' + 06'' + 04''}{3} = 36°28'34''$$

中等誤差 m_0

表 A.2

測定値 l	残差 $v = l - l_0$	残差平方 v^2
36°28'32''	$-02''$	4
36　28　36	02	4
36　28　34	00	0
$l_0 = 36°28'34''$		$\Sigma v^2 = 8$

$$m_0 = \pm\sqrt{\frac{8}{3(3-1)}} ≒ \pm 1$$

答　最確値　36°28'34''，中等誤差　±01''

2.5 最確値 l_0

$$l_0 = 149.500 + \frac{0.068 + 0.086 + 0.072 + 0.077 + 0.080}{5} = 149.5766$$

中等誤差 m_0

表 A.3

測定値 l	残差 $v = l - l_0$	残差平方 v^2
149.568	-0.0086	0.00007396
149.586	0.0094	0.00008836
149.572	-0.0046	0.00002116
149.577	0.0004	0.00000016
149.580	0.0034	0.00001156
$l_0 = 149.5766$		$\Sigma v^2 = 0.00019520$

$$m_0 = \pm \sqrt{\frac{0.00019520}{5(5-1)}} \fallingdotseq \pm 0.0031$$

精度

$$\frac{0.0031}{149.5766} \fallingdotseq \frac{1}{48000}$$

答　最確値　149.577 cm^2，中等誤差　± 0.003 cm^2，精度　1/48000

2.6 最確値 l_0

$$l_0 = 25.200 + \frac{0.013 + 0.021 - 0.002 + 0.018 + 0.050 - 0.077 + 0.001 + 0.031}{8}$$
$$\fallingdotseq 25.207$$

確率誤差 r_0

表 A.4

測定値 l	残差 $v = l - l_0$	残差平方 v^2
25.213	0.006	0.000036
25.221	0.014	0.000196
25.198	-0.009	0.000081
25.218	0.011	0.000121
25.250	0.043	0.001849
25.123	-0.084	0.007056
25.201	-0.006	0.000036
25.231	0.024	0.000576
$l_0 = 25.207$		$\Sigma v^2 = 0.009951$

$$r_0 = \pm 0.6745 \sqrt{\frac{0.009951}{8(8-1)}} \fallingdotseq \pm 0.009$$

精度

$$\frac{0.009}{25.207} \fallingdotseq \frac{1}{2800}$$

答　最確値　25.207 m，確率誤差　± 0.009 m，精度　1/2800

2.7 最確値 l_0

$$l_0 = 50.00 + \frac{3 \times 0.24 + 2 \times 0.17 + 5 \times 0.18 + 2 \times 0.22}{3 + 2 + 5 + 2} = 50.20$$

中等誤差 m_0

表 A.5

l	p	v	v^2	pv^2
50.24	3	0.04	0.0016	0.0048
50.17	2	−0.03	0.0009	0.0018
50.18	5	−0.02	0.0004	0.0020
50.22	2	0.02	0.0004	0.0008
$l_0 = 50.20$	$\Sigma p = 12$			$\Sigma(pv^2) = 0.0094$

$$m_0 = \pm \sqrt{\frac{0.0094}{12(4-1)}} \fallingdotseq \pm 0.02$$

精度

$$\frac{0.02}{50.20} \fallingdotseq \frac{1}{2500}$$

<u>答　最確値　50.20 m，中等誤差　±0.02 m，精度　1/2500</u>

2.8 各路線の測定値の重さ p_1，p_2，p_3 は路線長に反比例するので，

$$p_1 : p_2 : p_3 = \frac{1}{2} : \frac{1}{3} : \frac{1}{4} = 6 : 4 : 3$$

となる．したがって，最確値 l_0 は次のようになる．

$$l_0 = 4.280 + \frac{6 \times 0.005 + 4 \times 0.010 + 3 \times 0.007}{6 + 4 + 3} = 4.287$$

<u>答　高低差　4.287 m</u>

2.9 中等誤差 m_0

$$m_0 = \pm \sqrt{0.0002^2 + 0.0004^2 + 0.0003^2 + 0.0005^2} \fallingdotseq \pm 0.0007$$

<u>答　中等誤差　±0.0007 m</u>

第 3 章

3.1 式 (3.3) より，次式となる．

$$L = l + \frac{Sl}{S} = 130.000 + \frac{(-0.005) \times 130.000}{50} = 129.987$$

<u>答　129.987 m</u>

3.2 温度補正 C_t

$$C_t = \varepsilon l(T - T_0) = 0.000012 \times 325.380 \times (10 - 15) \fallingdotseq -0.020$$

特性値補正 C_c

$$C_c = \frac{Sl}{S} = \frac{0.0028 \times 325.380}{50} \fallingdotseq 0.018$$

傾斜補正 C_g

$$C_g = -\frac{h^2}{2l} = -\frac{8.500^2}{2 \times 325.380} \fallingdotseq -0.111$$

総合補正 C

$$C = C_t + C_c + C_g = -0.020 + 0.018 - 0.111 = -0.113$$

正しい距離 L

$$L = l + C = 325.380 - 0.113 = 325.267 \text{ m}$$

答　325.267 m

3.3 演習問題 3.2 で求めた正しい距離を標高補正して，再度，正しい距離を求める．
標高補正 C_h

$$C_h = -\frac{Hl}{R} = -\frac{500.00 \times 325.267}{6370000} \fallingdotseq -0.026$$

正しい距離 L

$$L = l + C_h = 325.267 - 0.026 = 325.241 \text{ m}$$

答　325.241 m

3.4 傾斜補正の式を使用するが，単純に高低差ということなので絶対値として考える．
傾斜補正

$$C_g = \frac{h^2}{2l} \text{ より}$$

$$h = \sqrt{2lC_g} = \sqrt{2 \times 50 \times 0.01} = 1.000 \text{ m}$$

答　1.000 m

3.5 温度補正 C_t

$$C_t = \varepsilon l(T - T_0) = 0.000012 \times 200.000 \times (25 - 15) = 0.024$$

特性値補正 C_c

$$C_c = \frac{Sl}{S} = \frac{(-0.0035) \times 200.000}{50} = -0.014$$

傾斜補正 C_g

$$C_g = -\frac{h^2}{2l} = -\frac{14.000^2}{2 \times 200.000} = -0.490$$

総合補正 C

$$C = C_t + C_c + C_g = 0.024 - 0.014 - 0.490 = -0.480$$

正しい距離

$$L = l + C = 200.000 - 0.480 = 199.520 \text{ m}$$

答　199.520 m

第 4 章

4.1　① 水準面　② 水平面　③ 基本水準面　④ 東京　⑤ 水準原点　⑥ 標高
　　　⑦ 水準点　⑧ B.S.　⑨ F.S.　⑩ T.P.　⑪ I.P.　⑫ G.H.

4.2

表 A.6

測　点	距　離	B.S.	F.S.	昇（＋）	降（－）	地盤高
A		1.382				10.000
1	40	1.049	3.644		2.262	7.738
2	35	2.326	2.583		1.534	6.204
3	40	1.228	1.591	0.735		6.939
B	50		3.965		2.737	4.202

4.3

表 A.7

測　点	距　離	B.S.	I.H.	F.S. 移器点 T.P.	F.S. 中間点 I.P.	地盤高 G.H.
A		2.200	12.200			10.000
1					1.600	10.600
2		0.400	11.900	0.700		11.500
3					1.800	10.100
B				1.200		10.700

4.4 誤差 e

$$e = 20.000 - 20.005 = -0.005$$

測点 1 の調整量

$$\frac{60}{330} \times (-0.005) \fallingdotseq -0.001$$

測点 2 の調整量

$$\frac{120}{330} \times (-0.005) \fallingdotseq -0.002$$

以下，同様に計算する．

表 A.8

測　点	調整量	調整標高
A		20.000
1	-0.001	19.607
2	-0.002	19.876
3	-0.003	20.134
4	-0.004	21.004
A	-0.005	20.000

4.5 式 (4.11) より，次のようになる．

$$h = \frac{(b_1 - f_1) + (b_2 - f_2)}{2} = \frac{(1.432 - 0.932) + (2.461 - 1.957)}{2} = 0.502$$

答　0.502 m

第 5 章

5.1
$$\theta° = \frac{l}{R}\rho° = \frac{6}{10} \times \frac{180°}{\pi} \fallingdotseq 34°22'39''$$

答　$34°22'39''$

5.2　中心角 θ [rad] に対する弧長 l は，
$$l = R\theta$$
となる．θ がラジアンではなく度の単位で示されているので，$\theta°$ を rad にして用いなければならない．すなわち，$\theta°/\rho°$ を用いる．
$$l = R\frac{\theta°}{\rho°} = 100 \times 80° \times \frac{\pi}{180°} \fallingdotseq 139.6 \text{ m}$$

答　139.6 m

5.3　演習問題 5.2 と同様に考える．
$$l = R\frac{\theta''}{\rho''} = 6300000 \times 01'' \times \frac{\pi}{180 \times 60 \times 60''} \fallingdotseq 30.5 \text{ m}$$

答　30.5 m

5.4　演習問題 5.2 と同様に考える．
$$l = R\frac{\theta''}{\rho''} = 30000 \times 10'' \times \frac{\pi}{180 \times 60 \times 60''} \fallingdotseq 1.5 \text{ mm}$$

答　1.5 mm

5.5　式 (5.2) より，
$$n = \frac{L}{v}$$
となる．ここで，$L = 20'$，$v = 40''$ より次のようになる．
$$n = \frac{20'}{40''} = \frac{20 \times 60''}{40''} = 30$$
したがって，順読みバーニヤでは，水平目盛盤の 29 目盛をバーニヤの 30 目盛とすればよい．逆読みバーニヤでは，水平目盛盤の 31 目盛をバーニヤの 30 目盛とすればよい．

答　30

5.6　水平目盛盤の $20°20'$ は，$20°20' = 1220'$ となる．1 目盛 $20'$ であるから，$1220' \div 20' = 61$ 目盛となる．水平目盛盤の 61 目盛をバーニヤで 60 等分しているので，逆読みバーニヤである．
$$\text{最小読取り値} = \frac{20'}{60} = \frac{1200''}{60} = 20''$$
となる．

答　$20''$

5.7　水平目盛盤の $62°20'$ と $68°40'$ の目盛線の間にある水平目盛盤の目盛数は，その 1 目盛が $20'$ であるから，
$$\frac{68°40' - 62°20'}{20'} = \frac{6°20'}{20'} = \frac{380'}{20'} = 19$$
となる．すなわち，このバーニヤは水平目盛盤の 19 目盛を 20 等分している順バーニヤであるから，このバーニヤで読むことのできる最小読取り値は，水平目盛盤 1 目盛の 20 分の 1 となる．したがって，

最小読取り値 $= \dfrac{20'}{20} = 01'$

となる．

答　$01'$

5.8 式 (5.5) より，次式となる．
$$l = \dfrac{nL\theta_0}{206265''}$$
ここで，$n = 1/4$, $L = 50 \times 1000\,\text{mm}$, $\theta_0 = 30''$ である．
$$l = \dfrac{1/4 \times 50 \times 1000 \times 30''}{206265''} \fallingdotseq 1.8\,\text{mm}$$

答　$1.8\,\text{mm}$

5.9 右回り $126°31'20''$，左回り $233°28'40''$

5.10 $31°46'08''$ である角を，6倍角の倍角法によって観測したときの最終結果は，
$$31°46'08'' \times 6 = 190°36'48''$$
となる．しかし，使用しているトランシットは $1'$ 読みであるので，このトランシットでの読みは $1'$ の倍数である $190°37'$ と読み取ることになる．したがって，求める観測角は，$190°37' \div 6 = 31°46'10''$ となる．

答　$31°46'10''$

5.11 (1) 固定した水平目盛盤に対して，バーニヤが移動して目盛の読みが移動する運動
(2) バーニヤと水平目盛が同時に動いて目盛の読みは移動しない運動
(3) 望遠鏡正位と反位の読みを観測して観測結果とする観測方法

5.12

表 A.9

測　点	視準点	平　均	結　果
O	A	$0°16'10''$	$159°40'10''$
			$-)\ \ \ 0\ \ 16\ \ 10$
			$3)159\ \ 24\ \ 00$
			$53\ \ 08\ \ 00$
	B	$159\ \ 40\ \ 10$	
	B	$180\ \ 16\ \ 40$	$339°40'50''$
			$-)180\ \ 16\ \ 40$
			$3)159\ \ 24\ \ 10$
			$53°08'03.3''$
	A	$339\ \ 40\ \ 50$	

したがって，正位，反位の計算結果を平均すると，求める観測角となる．
$$観測角 = \dfrac{53°08'00'' + 53°08'03.3''}{2} \fallingdotseq 53°08'02''$$

答　$53°08'02''$

5.13 測線に対する点 B の直角方向の位置のずれ BB' は次式となる．
$$BB' = AB \times \dfrac{40''}{206265''} = \dfrac{50000 \times 40''}{206265''} \fallingdotseq 9.7\,\text{mm}$$

答　$9.7\,\text{mm}$

5.14 図 5.26 より次式となる.

$$移動量 = \frac{100000 \times 65''}{206265''} = 31.5 \fallingdotseq 32 \, \text{mm}$$

したがって，点 C の内側に 32 mm 移動させる.

答　点 C の内側に 32 mm 移動させる.

第 6 章

6.1 (1)　結合トラバース　　(2)　閉合トラバース　　(3)　開放トラバース

6.2 ① 閉合トラバース　② 結合トラバース　③ 左回り　④ 右回り　⑤ 北　⑥ 方位　⑦ 90°　⑧ NS 線　⑨ EW 線　⑩ 正　⑪ 負　⑫ 正　⑬ 負

6.3 幾何学的には四角形の内角の総和は 360° であるので，

$$閉合誤差 = 360° - \sum 測定値 = 360° - 359°58'40'' = 01'20'' = 80''$$

となる．したがって，幾何学的条件より 80″ 減なので，各測定値に +20″ の配分（調整量）をすればよい．

表 A.10

測　点	調整量	調整測定値
A	+20″	89°37′00″
B	+20	111　45　00
C	+20	82　08　00
D	+20	76　30　00

6.4 方位角の計算

$$B = 165°05'00'' + 180° + 150°03'37'' = 495°08'37''$$

360° を越えているので，360° を引く．

$$B = 495°08'37'' - 360° = 135°08'37''$$

以下，同様に C，D，E の方位角を計算する．最後に，A の内角を使用して A の方位角に戻ることを確認する．

方位の計算

表 6.3 より，各測点の方位角より方位の計算を行う．

表 A.11

測　点	方位角	方　位
A	165°05′00″	S　14°55′00″　E
B	135　08　37	S　44　51　23　E
C	69　07　21	N　69　07　21　E
D	348　54　12	N　11　05　48　W
E	263　02　36	S　83　02　36　W

6.5 表 6.3 より逆算する．
方位角 A の計算

$$360° - \alpha = 79°26'34''$$
$$\therefore \quad \alpha = 360° - 79°26'34'' = 280°33'26''$$

以下，同様に計算する．

表 A.12

測 点	方位角
A	280°33′26″
B	227 08 18
C	147 20 18
D	99 42 04
E	216 32 04

6.6 式 (6.15) より，次式となる．

$$\frac{1}{10000} = \frac{E}{\sum l}$$

ここで，$\sum l = 2500$ である．

$$\therefore \quad E = \frac{2500}{10000} = 0.25 \text{ m}$$

答　0.25 m

6.7 式 (6.18) より，次式となる．

$$閉合比 = \frac{\sqrt{(-0.12)^2 + 0.23^2}}{1240} \fallingdotseq \frac{0.259}{1240} \fallingdotseq \frac{1}{4800}$$

約 1/4800 なので再測を必要とする．

答　再測を必要とする．

6.8 コンパス法則の計算

緯距の調整量

$$31.99 \times \frac{0.08}{160.12} \fallingdotseq 0.016$$

$$36.75 \times \frac{0.08}{160.12} \fallingdotseq 0.018$$

$$37.53 \times \frac{0.08}{160.12} \fallingdotseq 0.019$$

$$53.85 \times \frac{0.08}{160.12} \fallingdotseq 0.027$$

$$\overline{0.080}$$

経距の調整量

$$31.99 \times \frac{0.06}{160.12} \fallingdotseq 0.012$$

$$36.75 \times \frac{0.06}{160.12} \fallingdotseq 0.014$$

$$37.53 \times \frac{0.06}{160.12} \fallingdotseq 0.014$$

$$53.85 \times \frac{0.06}{160.12} \fallingdotseq 0.020$$

$$\overline{0.060}$$

$$閉合誤差 = \sqrt{(-0.080)^2 + (-0.060)^2} = 0.100$$

$$閉合比 = \frac{0.100}{160.12} \fallingdotseq \frac{1}{1600}$$

表 A.13

測点	調整緯距 +	調整緯距 −	調整経距 +	調整経距 −
A		2.930	31.815	
B	33.700		14.717	
C	20.826			31.218
D		51.596		15.314
計	54.526	54.526	46.532	46.532

答　閉合誤差 0.100 m，閉合比 1/1600

6.9　トランシット法則の計算

緯距の調整量

$0.058 \times \dfrac{13.218}{206.698} \fallingdotseq 0.004$

$0.058 \times \dfrac{64.723}{206.698} \fallingdotseq 0.018$

$0.058 \times \dfrac{29.347}{206.698} \fallingdotseq 0.008$

$0.058 \times \dfrac{90.160}{206.698} \fallingdotseq 0.025$

$0.058 \times \dfrac{9.250}{206.698} \fallingdotseq 0.003$

　　　　　　　　　　0.058

経距の調整量

$0.027 \times \dfrac{67.238}{226.185} \fallingdotseq 0.008$

$0.027 \times \dfrac{40.517}{226.185} \fallingdotseq 0.005$

$0.027 \times \dfrac{91.708}{226.185} \fallingdotseq 0.011$

$0.027 \times \dfrac{21.398}{226.185} \fallingdotseq 0.002$

$0.027 \times \dfrac{5.324}{226.185} \fallingdotseq 0.001$

　　　　　　　　　　0.027

閉合誤差 $= \sqrt{(-0.058)^2 + (0.027)^2} \fallingdotseq 0.064$

閉合比 $= \dfrac{0.064}{428.36} \fallingdotseq \dfrac{1}{6700}$

表 A.14

測点	調整緯距 +	調整緯距 −	調整経距 +	調整経距 −
A	13.214		67.246	
B		67.741	40.522	
C		29.355		91.697
D	90.135			21.396
E		9.253	5.325	

答　閉合誤差 0.064 m，閉合比 1/6700

6.10　合緯距の計算　　　　　　　　合経距の計算
　　　$100 + 32.42 = 132.42$　　　　$100 + 62.53 = 162.53$
　　　$132.42 - 41.50 = 90.92$　　　$162.53 + 57.56 = 220.09$
　　　$90.92 - 76.78 = 14.14$　　　 $220.09 - 26.18 = 193.91$
　　　$14.14 + 30.37 = 44.51$　　　 $193.91 - 83.81 = 110.10$
　　　合緯距の検算　　　　　　　　　合経距の検算
　　　$44.51 + 55.49 = 100.00$　　　$110.10 - 10.10 = 100.00$

表 A.15

測　点	合緯距	合経距
A	100.00	100.00
B	132.42	162.53
C	90.92	220.09
D	14.14	193.91
E	44.51	110.10

6.11　倍横距の計算　　　　　　　　　　　倍面積の計算
　　　$2 \times 100 + 62.53 = 262.53$　　　　$32.42 \times 262.53 ≒ 8511.223$
　　　$262.53 + 62.53 + 57.56 = 382.62$　　$(-41.50) \times 382.62 = -15878.730$
　　　$382.62 + 57.56 - 26.18 = 414.00$　　$(-76.78) \times 414.00 = -31786.920$
　　　$414.00 - 26.18 - 83.81 = 304.01$　　 $30.37 \times 304.01 ≒ 9232.784$
　　　$304.01 - 83.81 - 10.10 = 210.10$　　 $55.49 \times 210.10 = 11658.449$

表 A.16

測　点	倍横距	倍面積 +	倍面積 −
A	262.53	8511.223	
B	382.62		15878.730
C	414.00		31786.920
D	304.01	9232.784	
E	210.10	11658.449	

　　　$2A = 47665.650 - 29402.456 = 18263.194$

　　　$\therefore \quad A = 9131.597$

答　9131.597

6.12

表 A.17

	合緯距	合経距	
	100.00	100.00	
13242.000	132.42	162.53	16253.000
14777.228	90.92	220.09	29144.318
3112.073	14.14	193.91	17630.297
8630.934	44.51	110.10	1556.814
11010.000	100.00	100.00	4451.000
50772.235			69035.429
			$-)$50772.235
			2)18263.194
			9131.597

答　9131.597

第 7 章

7.1 (5)

7.2 $A = (\sqrt{3}/2)l^2$ で求められる．ただし，l は正三角形の一辺である．

$$A = \frac{\sqrt{3}}{2} \times 4^2 = 8\sqrt{3} \fallingdotseq 1.4$$

答　$1.4\,\mathrm{km}^2$

7.3 $\angle\mathrm{BCA} = 360° - 315° = 45°$ より，$\triangle\mathrm{ABC}$ に正弦定理を適用する．

$$\frac{e}{\sin x} = \frac{S}{\sin 45°}$$

ただし，$x = \angle\mathrm{ABC}$，$S = \mathrm{AB}$．ここで，$\sin x \fallingdotseq x\,[\mathrm{rad}]$ となるので，次のようになる．

$$\sin x = \frac{e \sin 45°}{S} = \frac{2.000 \times \sqrt{2}/2}{1414.214} \fallingdotseq 0.001\,\mathrm{rad}$$

答　0.001 rad

7.4 $\angle\mathrm{BAD} = x$ とすると，$\angle\mathrm{BAC} = \angle\mathrm{BAD} + \alpha$ となる．ここで，$\triangle\mathrm{ABD}$ に正弦定理を適用する．

$$\frac{e}{\sin x} = \frac{S}{\sin \phi}$$

$$\frac{3.00}{\sin x} = \frac{1700.00}{\sin 60°}$$

$$\therefore \quad x = 0.0015\,\mathrm{rad}$$

ラジアンを度に戻すと，

$$x = 206265'' \times 0.0015 = 309'' = 05'09''$$

となる．したがって，求める $\angle\mathrm{BAC}$ は，次のようになる．

$$\angle\mathrm{BAC} = 05'09'' + 85°30'10'' = 85°35'19''$$

答　$85°35'19''$

第 8 章

8.1 8.1 節を参照

8.2 (5)

8.3 ① 前視準板　② 後視準板　③ 後視準板　④ 視準孔　⑤ 前視準板　⑥ 視準糸　⑦ 求心器　⑧ 測点　⑨ 測点　⑩ 磁針箱　⑪ 磁北

8.4 8.4 節を参照

8.5 式 (8.3) より, 次のようになる.

$$q = 0.2\,\text{mm}, \quad m = 400$$

$$e = \frac{q \cdot m}{2} = \frac{0.2 \times 400}{2} = 40\,\text{mm}$$

答　40 mm

8.6 式 (8.2) より, 次式となる.

$$\frac{1}{m} = \frac{q}{2e} = \frac{0.2}{2 \times 40} = \frac{1}{400}$$

答　1/400

8.7

$$(0.3 \times 300) \times (0.42 \times 300) = 11340$$

答　11340 m^2

8.8 式 (8.7) より, 次のようになる.

$$n_1 = 10.2, \quad n_2 = 1.6, \quad l = 2.5$$

$$L = \frac{100}{n_1 - n_2} l = \frac{100}{10.2 - 1.6} \times 2.5 \fallingdotseq 29.07\,\text{m}$$

答　29.07 m

8.9 式 (8.8) において, a：地上からアリダードの視準孔までの高さ i, b：ターゲットの高さ f と置きかえると, 次のようになる.

$$H_A + i = H_B + f$$

$$\therefore \ f = H_A + i - H_B = 30.2 + 1.1 - 30 = 1.3\,\text{m}$$

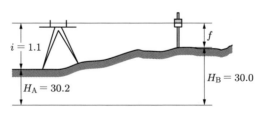

図 A.1

答　1.3 m

第 9 章

9.1 標尺の夾長 l は,

$$l = 1.86 - 1.35 = 0.51$$

となる．式 (9.5) より，次のようになる．
$$L = Kl + C = 100 \times 0.51 + 0 = 51\,\mathrm{m}$$

答　51 m

9.2　演習問題 9.1 と同様に計算する．
$$L = 100 \times 0.51 + 0.10 = 51.10\,\mathrm{m}$$

答　51.10 m

9.3　式 (9.5) より，次のようになる．
$$L = 100 \times 1.35 + 0 = 135\,\mathrm{m}$$

答　135 m

9.4　$K = 100$，$C = 0$ なので，水平距離は式 (9.15) を，高低差は式 (9.16) を使用する．ここで，$l = 0.798$，$\alpha = 4°05'$ である．
$$L = 100\,l\cos^2\alpha = 100 \times 0.798 \times \cos^2 4°05' \fallingdotseq 79.40\,\mathrm{m}$$
$$\Delta H = 100\,l\sin\alpha\cos\alpha = 100 \times 0.798 \times \sin 4°05' \cos 4°05' \fallingdotseq 5.67\,\mathrm{m}$$

答　水平距離　79.40 m，高低差　5.67 m

第 10 章

10.1　図 A.2 のように三角形に分割し，式 (10.1) より求めた結果をまとめると表 A.18 のようになる．

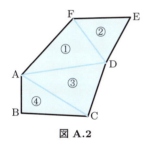

図 A.2

表 A.18

三角形番号	底辺 l	高さ h	倍面積 $2S$
①	19.55	11.50	224.8250
②	13.50	11.20	151.2000
③	19.55	10.90	213.0950
④	18.00	7.70	138.6000
		$2S =$	727.7200
		$S =$	363.8600

答　363.8600 m^2

10.2　式 (10.2) より，次のようになる．
$$s = \frac{1}{2}(a + b + c) = \frac{1}{2}(47.5 + 36.9 + 33.8) = 59.1$$
$$S = \sqrt{59.1(59.1 - 47.5)(59.1 - 36.9)(59.1 - 33.8)} \fallingdotseq 620.525\,\mathrm{m}^2$$

答　620.525 m^2

10.3　式 (10.9) より，次のようになる．
$$S = d\left(\frac{h_1 + h_n}{2} + h_2 + h_3 + \cdots + h_{n-1}\right)$$
$$= 5\left(\frac{6.3 + 8.4}{2} + 7.2 + 5.5 + 6.9 + 9.8 + 7.2 + 5.3\right) = 246.25\,\mathrm{m}^2$$

答　246.25 m^2

10.4　台形法：式 (10.9) より，次のようになる．
$$S = 3\left(\frac{7.3 + 7.5}{2} + 5.1 + 6.2 + 7.5 + 7.2 + 6.8\right) = 120.6\,\mathrm{m}^2$$

シンプソンの第 1 法則：式 (10.17) より，次のようになる．
$$S = \frac{3}{3}\{7.3 + 4(5.1 + 7.5 + 6.8) + 2(6.2 + 7.2)\} = 111.7\,\text{m}^2$$
シンプソンの第 2 法則：式 (10.19) より，次のようになる．
$$S = \frac{3}{8} \times 3\{7.3 + 3(5.1 + 6.2 + 7.2 + 6.8) + 2 \times 7.5 + 7.5\} \fallingdotseq 118.91\,\text{m}^2$$

<u>答　120.6 m², 111.7 m², 118.91 m²</u>

10.5
$$A = (n_2 - n_1)C = (1782 - 1368) \times 1.5 = 621\,\text{m}^2$$

<u>答　621 m²</u>

10.6 1/300 の単位面積を求める．
$$1.5 \times \left(\frac{300}{400}\right)^2 = 0.84375$$
$$A = (1782 - 1368) \times 0.84375 = 349.3125\,\text{m}^2$$

<u>答　349.3125 m²</u>

10.7 式 (10.25) より，次のようになる．
$$\text{BE} = \frac{61 \times 50}{46} \times \frac{1}{1+1} \fallingdotseq 33.2\,\text{m}$$

<u>答　33.2 m</u>

10.8 長方形公式：式 (10.41) より，次のようになる．
$$\sum h_1 = 0.50 + 0.70 + 1.10 + 1.15 + 1.10 = 4.55$$
$$\sum h_2 = 0.55 + 0.60 + 0.60 + 1.00 + 1.00 + 0.90 = 4.65$$
$$\sum h_3 = 0.90$$
$$\sum h_4 = 0.70 + 0.75 = 1.45$$

全土量
$$V = \frac{50}{4}(4.55 + 2 \times 4.65 + 3 \times 0.90 + 4 \times 1.45) = 279.375\,\text{m}^3$$

平均地盤高
$$H = \frac{279.375}{350} \fallingdotseq 0.798\,\text{m}$$

三角形公式：式 (10.43) より，次のようになる．
$$\sum h_1 = 0.50 + 1.10 = 1.65$$
$$\sum h_2 = 1.15 + 0.70 + 0.90 + 1.10 = 3.85$$
$$\sum h_3 = 1.00 + 0.55 + 0.60 + 1.00 = 3.15$$
$$\sum h_4 = 0.60 + 0.90 = 1.50$$
$$\sum h_5 = 0$$
$$\sum h_6 = 0.70 + 0.75 = 1.45$$

全土量
$$V = \frac{25}{3}(1.65 + 2 \times 3.85 + 3 \times 3.15 + 4 \times 1.50 + 6 \times 1.45) \fallingdotseq 279.167\,\mathrm{m}^3$$

平均地盤高
$$H = \frac{279.167}{350} \fallingdotseq 0.798\,\mathrm{m}$$

答　0.798 m，0.798 m

10.9 式 (10.36) より，各標高の土量はそれぞれ次のようになる．

$$20 \sim 40\,\mathrm{m} : V_4 = \frac{8400 + 5100}{2} \times 20 = 135000$$

$$40 \sim 60\,\mathrm{m} : V_3 = \frac{5100 + 3000}{2} \times 20 = 81000$$

$$60 \sim 80\,\mathrm{m} : V_2 = \frac{3000 + 1800}{2} \times 20 = 48000$$

$$80 \sim 100\,\mathrm{m} : V_1 = \frac{1800 + 400}{2} \times 20 = 22000$$

全土量
$$V = V_4 + V_3 + V_2 + V_1 = 286000\,\mathrm{m}^3$$

答　$286000\,\mathrm{m}^3$

第 11 章

11.1 ① 曲線設置　② 単（心）曲線　③ 緩和　④ 勾配　⑤ 縦（断）

11.2 円曲線の基本式で各要素を求める．

接線長 T.L.：式 (11.1) より次式となる．
$$\mathrm{T.L.} = R\tan\left(\frac{I}{2}\right) = 100\tan\left(\frac{40°50'}{2}\right) \fallingdotseq 37.22\,\mathrm{m}$$

曲線長 C.L.：式 (11.2) より次式となる．
$$\mathrm{C.L.} = 0.01745\,RI° = 0.01745 \times 100 \times 40°50' \fallingdotseq 71.25\,\mathrm{m}$$

曲線始点 B.C.
$$\mathrm{B.C.} = 219.33 - 37.22 = 182.11\,\mathrm{m}(\mathrm{No.9} + 2.11\,\mathrm{m})$$

曲線終点 E.C.
$$\mathrm{E.C.} = 182.11 + 71.25 = 253.36\,\mathrm{m}(\mathrm{No.12} + 13.36\,\mathrm{m})$$

始端弦 l_1
$$l_1 = 20 - 2.11 = 17.89\,\mathrm{m}$$

終端弦 l_2
$$l_2 = 13.36\,\mathrm{m}$$

始端弦に対する偏角 δ_1：式 (11.8) より次式となる．
$$\delta_1 = 1718.87'\left(\frac{l_1}{R}\right) = 1718.87'\left(\frac{17.89}{100}\right) \fallingdotseq 5°07'30''$$

終端弦に対する偏角 δ_2：式 (11.9) より次式となる．
$$\delta_2 = 1718.87'\left(\frac{l_2}{R}\right) = 1718.87'\left(\frac{13.36}{100}\right) \fallingdotseq 3°49'38''$$

20 m に対する偏角 δ：式 (11.6) より次式となる．
$$\delta = 1718.87'\left(\frac{l}{R}\right) = 1718.87'\left(\frac{20}{100}\right) \fallingdotseq 5°43'46''$$

表 A.19

測　点	追加距離	δ	偏　角
No.9 + 2.11 m（B.C.）	182.11	—	—
No.10	200.00	δ_1	5°07′30″
No.11	220.00	$\delta_1 + \delta$	10 51 16
No.12	240.00	$\delta_1 + 2\delta$	16 35 02
No.12 + 13.36 m（E.C.）	253.36	$\delta_1 + 2\delta + \delta_2$	20 24 40

$$\frac{I}{2} = 20°25'$$

11.3 式 (11.5) より次式となる.
$$R = \frac{\text{S.L.}}{\sec(I/2) - 1} = \frac{15}{\sec(69°40'/2) - 1} \fallingdotseq 68.71\,\text{m}$$
式 (11.1) より次式となる.
$$\text{T.L.} = R\tan\frac{I}{2} = 68.71 \times \tan\frac{69°40'}{2} \fallingdotseq 47.81\,\text{m}$$

答　47.81 m

11.4 式 (11.1) より次式となる.
$$\text{T.L.} = (\text{I.P.}\sim\text{B.C.}) = R\tan\frac{I}{2} = 200 \times \tan\frac{60°}{2} \fallingdotseq 115.47\,\text{m}$$
したがって，B.P.～B.C. 間の直線距離 l_1 は，次のようになる.
$$l_1 = (\text{I.P.}\sim\text{B.P.}) - (\text{T.L.} = \text{I.P.}\sim\text{B.C.}) = 265.47 - 115.47 = 150\,\text{m}$$
式 (11.2) より次式となる.
$$l_2 = \text{C.L.} = (\text{B.C.}\sim\text{E.C.}) = \frac{RI°}{\rho} = 200 \times 60° \times \frac{\pi}{180°} \fallingdotseq 209.44\,\text{m}$$
図 11.36 より次のようになる.
$$l_3 = \text{E.C.}\sim\text{E.P.} = \sqrt{(X_2 - X_1)^2 + (Y_2 - Y_1)^2}$$
$$= \sqrt{(474.94 - 574.94)^2 + (803.23 - 630.02)^2} \fallingdotseq 200.00\,\text{m}$$
したがって，総路線長 L は次式となる.
$$L = l_1 + l_2 + l_3 = 150 + 209.44 + 200 = 559.44\,\text{m}$$

答　559.44 m

11.5 図 11.37 より，次のようになる.
$$\angle\text{ECD} = 180° - 135° = 45°$$
$$\angle\text{CED} = 180° - 105° = 75°$$
$$\therefore\quad I = \angle\text{ECD} + \angle\text{CED} = 45° + 75° = 120°$$
ここで，式 (11.21) に $R = 150\,\text{m}$, $I = 120°$, $l = 100\,\text{m}$, $p = 135°$ を代入する.
$$\text{BE} = \text{DG} - \text{DE} = R\tan\frac{I}{2} - l\frac{\sin p}{\sin I} = 150 \times \tan\frac{120°}{2} - 100 \times \frac{\sin 135°}{\sin 120°}$$
$$\fallingdotseq 178.16\,\text{m}$$

答　178.16 m

11.6 式 (11.23) より次式となる.

$$R \cdot L = A^2$$

$$\therefore \quad A = \sqrt{R \cdot L} = \sqrt{200 \times 50} = 100\,\mathrm{m}$$

したがって，クロソイド A 表の $A = 100\,\mathrm{m}$ より，諸要素を読み取る.

接線角 $\tau = 7°09'43''$，極角 $\sigma = 2°23'13''$
移程量 $\Delta R = 0.521\,\mathrm{m}$，点 M の座標 $X_\mathrm{M} = 24.987\,\mathrm{m}$
答　K.E. の座標 $X = 49.922\,\mathrm{m},\ Y = 2.081\,\mathrm{m}$

11.7 式 (11.24), (11.25) より次のようになる.

$$r = \frac{R}{A} = \frac{500}{150} \fallingdotseq 3.333333$$

したがって，単位クロソイド表の $r \fallingdotseq 3.333333$ より，各要素を読み取り，$A = 150\,\mathrm{m}$ に換算する.

曲線長 $L = 0.3000000 \times 150 = 45\,\mathrm{m}$

接線角 $\tau = 2°34'42''$

極角 $\sigma = 0°51'34''$

移程量 $\Delta R = 0.001125 \times 150 \fallingdotseq 0.169\,\mathrm{m}$

点 M の座標 $X_\mathrm{M} = 0.149990 \times 150 \fallingdotseq 22.499\,\mathrm{m}$

K.E. の座標 $X = 0.299939 \times 150 \fallingdotseq 44.991\,\mathrm{m}$

$Y = 0.004499 \times 150 \fallingdotseq 0.675\,\mathrm{m}$

曲線長 $L = 45\,\mathrm{m}$，接線角 $\tau = 2°34'42''$，極角 $\sigma = 0°51'34''$
移程量 $\Delta R = 0.169\,\mathrm{m}$，点 M の座標 $X_\mathrm{M} = 22.499\,\mathrm{m}$，
答　K.E. の座標 $X = 44.991\,\mathrm{m},\ Y = 0.675\,\mathrm{m}$

11.8 式 (11.50) より次のようになる.

$$y = \frac{1}{200L}(i_1 - i_2)x^2 = \frac{|(-3) - 5|}{200 \times 120}x^2 \fallingdotseq 3.3 \times 10^{-4} \times x^2$$

表 A.20

x	y
20	0.132
40	0.528
60	1.188
80	2.112
100	3.300
120	4.752

表 A.21

測点	水平距離 x	縦距 y	標高
BVC 0	0	0.00	100.00
20	20	0.13	99.53
40	40	0.53	99.33
IVC 60	60	1.19	99.39
80	80	2.11	99.71
100	100	3.30	100.30
EVC 120	120	4.75	101.15

第 12 章

12.1 式 (12.1) より次のようになる.

$$f = 15\,\text{cm}, \quad H = 120000\,\text{cm}$$

$$M = \frac{f}{H} = \frac{15}{120000} = \frac{1}{8000}$$

答　1/8000

12.2 式 (12.1) より次のようになる.

$$M = \frac{1}{10000}, \quad f = 15\,\text{cm}$$

$$\therefore \quad H = 150000\,\text{cm}$$

式 (12.2) より次のようになる.

$$\Delta r = 4\,\text{mm} = 0.4\,\text{cm}, \quad r = 120\,\text{mm} = 12\,\text{cm}$$

$$\therefore \quad h = \frac{\Delta r \cdot H}{r} = \frac{0.4 \times 150000}{12} = 5000\,\text{cm} = 50\,\text{m}$$

答　50 m

12.3 題意より，写真上と地図上での距離を求め，それより縮尺を計算して撮影高度を算出する．したがって，地図上での距離は，

$$148.2\,\text{mm} \times 25000 = 3705000\,\text{mm}$$

となる．これより，縮尺 $1/m$ は次のようになる．

$$\frac{1}{m} = \frac{185.2}{3705000} \fallingdotseq \frac{1}{20000}$$

式 (12.1) より次式となる.

$$H = mf = 150 \times 20000 = 3000000\,\text{mm} = 3000\,\text{m}$$

答　3000 m

12.4 式 (12.14) より次のようになる.

$$b = \frac{67 + 70}{2} = 68.5\,\text{mm} = 0.0685\,\text{m}$$

$$\Delta p = 1.37\,\text{mm} = 0.00137\,\text{m}, \quad H = 6350\,\text{m}$$

$$\therefore \quad h = \frac{6350 \times 0.00137}{0.0685} = 127\,\text{m}$$

答　127 m

第 13 章

13.1　20000 km，12 時間で周回（11 時間 58 分）

13.2

```
         ┌ 1 点測位
         └ 干渉測位 ┬ 静的干渉測位
                    └ 動的干渉測位
```

図 A.3

13.3　複数の受信機への同一電波の到達時間差のこと．

参考図書

[1] 中川徳郎：応用測量，山海堂，1973
[2] 松井啓之輔：測量学 I，共立出版，1985
[3] 春日屋伸昌：測量学 I，朝倉書店，1978
[4] 長谷川博ほか：改訂測量（1），コロナ社，1990
[5] 春日屋伸昌：わかる測量概説（2），東京法経学院出版，1977
[6] 福永宗雄：応用測量の実際（前編），日本測量協会，1992
[7] 佐藤愛子：基礎数学 2，日本理工出版社，1991
[8] 小林秀一ほか：測量学演習（上），コロナ社，1993
[9] 建設大臣官房技術調査室：建設省公共測量作業規程，日本測量協会，1991
[10] 春日屋伸昌：わかる測量概説（1），東京法経学院出版部，1981
[11] 村井俊治：新体系土木工学 51 土木測量，技法堂，1980
[12] 小林秀一ほか：測量学演習，コロナ社，1993
[13] 日本測量協会：クロソイドポケットブック，丸善，1984
[14] 測量辞典編集委員会：測量辞典，森北出版，1976
[15] 兼杉博：測量問題詳解，理工図書，1976
[16] 土木用語辞典編集委員会：土木用語辞典，コロナ社・技報堂，1974
[17] 林一幹ほか：新訂・増補測量便覧，森北出版，1972
[18] 日本写真測量学会：立体写真のみかた・とりかた・つくりかた，技報堂，1980
[19] 日本測量協会：現代測量学，第 6 巻，日本測量協会，1983
[20] 小田部和司：図解土木講座　測量学，技報堂，1977
[21] 日本測量協会：現代測量学，第 1 巻，日本測量協会　1981
[22] 日本測量協会：現代測量学，第 3 巻，日本測量協会　1982
[23] 日本測量協会：測量計算範例集，改訂第 4 版，日本測量協会，1983
[24] 福本武明ほか：測量学，朝倉書店，1993
[25] 丸安隆和：測量学（上）（増補），コロナ社，1995
[26] 加藤清志：測量学要論，産業図書，1995
[27] 土屋淳ほか：やさしい GPS 測量，日本測量協会，1992
[28] 吉沢孝和ほか：建設技術者のための実用測量学，山海堂，1995
[29] (株)ソキア：測量と測量機のレポート，(株)ソキア，1994
[30] 大嶋太市：測量学，共立出版，1978
[31] 春日屋伸昌：測量学 II，朝倉書店，1979
[32] 松井啓之輔：測量学 II，共立出版，1986
[33] 長谷川博ほか：改訂測量（2），コロナ社，1994
[34] 中村英夫ほか：測量学，技報堂，1979
[35] 中川徳郎：測量学，朝倉書店，1977
[36] 土屋清：リモートセンシング概論，朝倉書店，1993
[37] 丸安隆和：測量学（下）（増補），コロナ社，1995

索 引

■英　数■

1対回観測　75
1点測位　218, 219
GPS　217
GPS衛星　217
MSS　214
S型　186
TM　215

■あ 行■

アリダード　123
移器点　41
緯　距　94
異精度　13
緯　度　4
ウエービング　45
円曲線　167
鉛直角　56
鉛直軸　62
鉛直軸誤差　71
鉛直点　207
横　距　101
横断曲線　168
横断測量　201
オートレベル　38
オーバーラップ　205
重　み　12
温度補正　29

■か 行■

外　業　1
外部標定　212
開放トラバース　86
ガウス分布　8
角測量　3
角柱公式　162
角方程式　114
確率誤差　10

過高度　210
下部運動　63
眼基線　209
換算定数　58
干渉測位　218, 219
間接距離測量　22
間接水準測量　31
緩和曲線　167
器械誤差　7
器械高　41
器高式　43
気　差　47
基準面　31
基　線　107
気泡管　68
基本型　185
基本測量　3
球　差　46
曲線半径　180
極角弦長法　196
極角動径法　195
許容誤差　88
許容制限値　96
距離測量　3
グランドトルース　216
クロソイド曲線　181
クロソイド定規　191
経緯度原点　5
経　距　94
傾斜角　21
傾斜補正　28
経　度　4
結合トラバース　85
弦角弦長法　174
原点方位角　5
合緯距　100
交会法　133
交角法　87

公共測量　3
合経距　100
交互水準測量　36
降　測　26
高低差　21
鋼巻尺　22
誤　差　7
誤差曲線　8
誤差伝播の法則　15
誤差の3公理　8
後　視　41
後　手　25
個人誤差　7
弧度法　57
コントロール局　218
コンパス測量　3
コンパス法則　97

■さ 行■

最確値　8
サイクルスリップ　221
最小二乗法　8
サイドラップ　205
撮影基線　209
撮影高度　206
撮影縮尺　206
三角形公式　163
三角測量　3
三角点　107
三角網　107
残　差　8
三軸誤差　71
三斜法　146
三辺測量　119
三辺法　147
ジオイド　4
支距法　148
示誤三角形　134

子午線　5	静的干渉測位　220	導線法　130
視　差　46	精　度　28	登　測　27
視差差　210	精度指数　9	動的干渉測位　221
視差測定桿　211	セオドライト　59	特殊 3 点　208
視準軸　62	零点誤差　45	特性値　24
視準軸誤差　45, 71	センサ　213	特性値補正　28
自然誤差　8	前　視　41	凸　型　186
始短弦　171	前　手　25	トラバース測量　3
実体視　208	選　点　109	トラバース網　86
斜距離　21	選点図　109	トランシット　59
尺定数　24	前方交会法　175	トランシット測量　3
写真測量　3	総合補正　29	トランシット法則　98
十字線　62	相互標定　212	
収束角　208	走査幅　213	■な　行■
縦断曲線　168, 199	測地座標系　4	内　業　1
終短弦　171	測点方程式　113	内部標定　212
縦断線形　167		日本経緯度原点　5
縦断測量　197	■た　行■	日本水準原点　6
主　点　207	台形法　147	
昇降式　42	対地標定　212	■は　行■
上部運動　63	卵　型　186	倍横距　101
真　値　7	たるみ補正　29	倍角法　75
シンプソンの第 1 法則　151	単位クロソイド　182	倍面積　102
シンプソンの第 2 法則　152	単位クロソイド表　186	バーニヤ　65
水準測量　3	単測法　74	パラメータ　182
水準点　31	単独測位　218	反射式実体鏡　209
水準面　31	致　心　128	反射分光特性　213
水準網　41	中央縦距法　175	左手親指の法則　44
水平角　56	中央断面法　162	標　高　5
水平距離　21	中間点　41	標高補正　29
水平軸　62	長方形公式　162	標　尺　39
水平軸誤差　71	張力補正　29	標準偏差　10
水平面　31	直接距離測量　21	複合型　186
図根（点）測量　3	直接水準測量　31	不定誤差　8
図上誤差　127	直角座標法　194	プラットホーム　213
スタジア加定数　143	チルチングレベル　37	プラニメーター法　154
スタジア乗定数　143	定　位　129	分解能　213
スタジア線　63	定誤差　7	分光反射率　213
スタジア測量　3	点高法　162	平均海面　4
正規分布　8	電磁波　213	平均二乗誤差　10
整　準　127	等角点　207	閉合誤差　95
整準装置　70	東京湾平均海面　6	閉合トラバース　86
整数値バイアス　220	等精度　13	閉合比　96

平板測量　3
平板の標定　127
平面曲線　167
平面線形　167
ヘロンの公式　147
偏位誤差　132
偏角弦長法　171
偏距法　176
偏心誤差　71
偏心補正　111

辺方程式　114
方　位　92
方位角　90
方向法　77
放射法　129

■ま　行■
目盛誤差　46, 72
目盛盤　64
目標板　39

もりかえ点　41

■ら　行■
リモートセンシング　213
両　差　47
両端面平均法　162
レベル　36
レムニスケート曲線　180
路線測量　167

　　　　著　者　略　歴
大木　正喜（おおき・まさき）
　1971 年　日本大学生産工学部土木工学科卒業
　1973 年　日本大学大学院生産工学研究科土木工学専攻修士課程修了
　1980 年　木更津工業高等専門学校講師
　1988 年　木更津工業高等専門学校助教授
　2001 年　木更津工業高等専門学校教授
　2011 年　千葉大学非常勤講師（現在に至る）
　2012 年　木更津工業高等専門学校名誉教授
　2014 年　東京都市大学非常勤講師（現在に至る）
　2017 年　木更津工業高等専門学校非常勤講師（現在に至る）

編集担当　二宮　惇（森北出版）
編集責任　石田昇司（森北出版）
組　　版　ディグ
印　　刷　同
製　　本　ブックアート

測量学　（第 2 版）　　　　　　　　　　Ⓒ 大木正喜　2015
　　　　　　　　　　　　　　　　　　【本書の無断転載を禁ず】
1998 年 2 月 20 日　第 1 版第 1 刷発行
2013 年 3 月 5 日　第 1 版第 13 刷発行
2015 年 1 月 30 日　第 2 版第 1 刷発行
2021 年 5 月 20 日　第 2 版第 5 刷発行

著　　者　大木正喜
発 行 者　森北博巳
発 行 所　森北出版株式会社
　　　　　東京都千代田区富士見 1-4-11（〒102-0071）
　　　　　電話 03-3265-8341／FAX 03-3264-8709
　　　　　https://www.morikita.co.jp/
　　　　　日本書籍出版協会・自然科学書協会　会員
　　　　　JCOPY　＜(一社)出版者著作権管理機構 委託出版物＞

落丁・乱丁本はお取替えいたします．

Printed in Japan／ISBN978-4-627-40632-2